这就是我想住的家
——爱上ins风

杨锋 编

江苏凤凰科学技术出版社·南京

图书在版编目（CIP）数据

这就是我想住的家. 爱上ins风 / 杨锋编. —— 南京：
江苏凤凰科学技术出版社，2022.4
ISBN 978-7-5713-0442-3

Ⅰ. ①这… Ⅱ. ①杨… Ⅲ. ①住宅－室内装修－建筑
设计 Ⅳ. ①TU767

中国版本图书馆CIP数据核字(2022)第025572号

这就是我想住的家——爱上ins风

编　　　　者	杨　锋
项 目 策 划	凤凰空间·深圳
责 任 编 辑	赵　研　刘屹立
特 约 编 辑	黎　丽
出 版 发 行	江苏凤凰科学技术出版社
出版社地址	南京市湖南路1号A楼，邮编：210009
出版社网址	http://www.pspress.cn
总 经 销	天津凤凰空间文化传媒有限公司
总经销网址	http://www.ifengspace.cn
印　　　刷	北京博海升彩色印刷有限公司
开　　　本	710mm×1000mm 1／16
印　　　张	10
字　　　数	134 000
版　　　次	2022年4月第1版
印　　　次	2022年4月第1次印刷
标 准 书 号	ISBN 978-7-5713-0442-3
定　　　价	68.00元

图书如有印装质量问题，可随时向销售部调换（电话：022-87893668）。

序 ———————————————————————————————

　　随着手机端各种家居设计平台的兴起，一种标榜着时尚新潮，更注重视觉感受的 ins 风设计潮流在这个时代蔓延开来。这种风格的拥护者大多来自"90 后"和"00 后"这类年轻群体，他们出生于互联网时代，从小就在信息爆炸的环境中长大，优越的成长环境造就了他们对时尚潮流的敏感度。

　　他们大多喜欢游戏，喜欢动漫模型，或者热衷于光顾各种网红餐厅、酒店，对时尚新潮的物品情有独钟。他们非常注重生活的新鲜体验，并且拥有很自我的消费观念，会不吝于购买一些限量或者网红单品，也会去昂贵的酒店享受一个特别的周末。在着装上面，他们喜欢休闲自在的服装，有着自己独特的风格。

　　他们热衷于独特的家居风格，爱好流行的色彩和新潮材料，以及各种时尚的网红单品，在家居设计上同样有着自己的态度。与传统家居群体最大的区别是，他们不在意设计师是否有响亮的名号，而是通过作品去寻找适合自己生活方式的设计师。他们也特别尊重设计师的专业度以及知识产权的收费形式，在坚持自己审美和想法的基础上，希望设计师能帮助自己更好地实现对家和生活的完美想象。同时，他们也会详细地描绘出对家的初步设想，并以图文并茂的形式和设计师深入沟通。

　　在家的风格上，他们倾向于不同风格的融合和混搭，更希望自己的家有种生活在别处的新鲜体验。比如，有些人喜欢怀旧的氛围，喜欢带有历史印记的古典家具，希望自己的家更具有年代感；有的人希望自己家更像国外的度假酒店，足不出户就能拥有度假的好心情；有的则希望自己家像一个服装潮牌店，自己能每天像模特一样闪亮出场；还有些人希望自己家有书吧或者咖啡厅的感觉，能安放自己浮躁的心灵；或者是拥有一个收藏动漫模型的家，可以每天沉浸在自己的兴趣喜好里……

随着网络信息和高科技的飞速发展，人们的生活方式和居住理念随之发生了颠覆性的变化，新兴一代逐渐抛弃了传统家居设计的形式感和风格化，他们更注重家的自我体验。比如，沙发不再以电视机为中心，家具的摆放也更加自由，对坐式、围合式、自由式等各种不同的摆放形式完全顺应自己的心意；客厅也不只是会客吃饭的地方，可以是书房或者影视厅，也可以是咖啡厅或酒吧，还可以是卧房。家居色彩也不再那么单一，大家可接受的范围越来越大，可以是马卡龙色系、莫兰迪色系，也可以只有黑白色系或者裸色系……

　　所以，我觉得 ins 风不只是一种流行风格，更是一种崇尚自由、潮流，有主张、有态度的生活方式。不用在意生活的外在形式，以最适合自己的舒适方式去表现自我的生活态度，并且尊重生活的仪式感，这就是我们最想住的家！

金风

目录

007　**第 1 章　业主自画像：找准适合自己的主题**

008　业主自画像速写

009　生活方式

010　居住理念

012　**第 2 章　家的主题：多元化 ins 风的家**

013　什么是 ins 风

016　多元化 ins 风的家

024　**第 3 章　设计提案：6 步打造 ins 风的家**

025　第 1 步　材料选择与运用

035　第 2 步　色彩选择与搭配

043　第 3 步　家具及布艺的选择与搭配

058　第 4 步　经典配饰元素选择与运用

072　第 5 步　照明方式及灯具选择

082　第 6 步　绿植与花器选择

088　**第 4 章　空间设计指导：爱住 ins 风的家**

089　缤纷糖果色系的家

　　　烂漫马卡龙色系的艺术之家

094　孟菲斯的色彩王国
　　　动物园边上的房子

104　未尽的梦
　　　爱丽丝梦游仙境

110　浪漫梦幻粉色
　　　茱萸粉色调和的艺术心灵居所

116　都市里的艺术心灵居所
　　　华侨城滁州欢乐明湖·源庭样板间

124　自由与艺术的理想宅
　　　伴随音乐起舞

130　舒适完美的格调小家
　　　山茶

138　精致纯净的轻法式小宅
　　　奕色

144　归真返璞
　　　格调优雅的时尚之家

150　中古风的艺术画廊
　　　复古时尚感的艺术之家

159　**鸣谢**

160　**特约专家顾问**

第 1 章

业主自画像：
找准适合自己的主题

　　"Instagram"于 2010 年 10 月在美国上线之后，迅速席卷了欧美年轻人的生活，成为他们的"生活必需品"。在社交媒体和明星效应的多重影响下，在中国也逐渐形成新兴的设计潮流。在共同的文化、社交属性的认同下，喜好 Ins 风的人逐渐形成一种群体效应，他们不约而同地拥有着相似的兴趣、着装风格、生活方式，甚至是居住理念。

业主自画像速写

- **性别：** 男女皆宜
- **年龄段：** 22 岁到 35 岁之间的中产阶层，也不排除对时尚潮流依然保持热情的中年人
- **婚姻状况：** 单身，暂时没有小孩的新婚夫妇
- **职业：** 动画设计、品牌策划、室内设计师、建筑规划、服装设计师等时尚、文艺类工作者
- **性格：** 外向乐观、极具个性，热衷于关注新鲜事物
- **喜欢色彩：** 丰富、亮丽的颜色
- **风格服饰：** 亮色系、混搭服饰，或者较为风格化的服饰，注重穿着的主题性打造
- **兴趣爱好：** 摄影、收藏动漫模型、玩游戏、旅行

图片来源：YOMA 自画

- **内心速写：** 喜好 ins 风设计的群体通常非常注重生活的仪式感，会郑重对待生活中的每个节日或朋友、家人的生日。同时，这类群体热衷于追求时尚潮流或独创风格，他们希望自己的家也具有时尚艺术感和独特格调

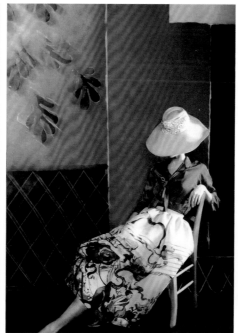

图片来源：BeforeAfter

生活方式

（1）生活习惯：注重感官享受、高品位

　　喜欢 ins 风的群体，通常拥有一份不错的工作，他们极其注重生活品质，工作之余乐于尝试插花、品酒等兴趣的培养。在生活中，他们更注重感官体验，对空间的氛围感受十分挑剔，拥有较高的生活品位。

图片来源：一然设计

（2）社交及品位：时尚达人，注重艺术化的生活品质

这类群体大多乐于追逐潮流，对社交网络的流行趋势十分敏感，通常活跃于各种社交平台，并热衷于光顾热门的景点，比如当下流行的餐厅、酒店、民宿等，以及博物馆、美术馆等文艺青年的聚集场所。他们也可能是某一方面的达人，对新鲜事物具有强烈的好奇心，擅长引领时尚潮流。

居住理念

（1）居住风格：新潮、个性、多元化

这类群体更喜爱视觉感独特、另辟蹊径的居住风格，向 20 世纪致敬的复古感也是他们推崇的。他们希望自己的家也能紧跟时下的最新潮流，运用具有视觉冲击力的、造型个性的家具、艺术品或色彩、灯光等合理搭配，以夸张、放大或重复的装饰手法，用心打造一个时尚个性的独特的家。

图片来源：Essence

图片来源：Kelly Wearstle

（2）居住格调：注重主题性、仪式感的营造

喜好 ins 风的群体热衷于搜集有艺术感的摆件、家具、电器设备、画作等，并希望将这些独特的收藏品在空间里做特别的展示，打造成家里的视觉焦点，成为来访客人或者社交网络的讨论主题。或者借助设计师的力量运用独特的艺术品、材质多元和造型独特的家具以及丰富的色彩的反复强调，打造空间里亮眼的视觉中心。他们不太在意器物的实用性，更注重所选配饰单品的独特细节和艺术感，并希望它们成为空间仪式感的一部分。

图片来源：万华重庆麓悦江城样板间，杜文彪

图片来源：Crosby Studios

（3）设计要求：艺术感、高品质

ins 风设计的爱好者，通常具有很高的审美水平和对精致生活的期许，他们期待的家也像所有其他风格的家居一样，要考虑收纳、空间流畅性等基本功能需求。除此之外，他们更注重空间的艺术美感和新颖体验，为了满足空间的仪式感和视觉效果，甚至愿意适当牺牲部分功能性需求。

第 2 章

家的主题：
多元化 ins 风的家

在社交软件的推动下，ins 风在世界范围内掀起一股强劲的风潮。ins 风极具包容性，可以兼容多种风格，融合了北欧风的清冷与热带风情的热烈，自带日式的温和格调，也兼具轻奢风的精致时尚。热衷于追逐潮流又注重个性展露的年轻一代对理想家居的丰富想象，也让 ins 风的家衍生出更多元的维度和主题。

图片来源：Patricia Bustos Studio 作品 ©sadia

图片来源：Crosby Studios

什么是 ins 风

（1）ins 风的鼻祖

"Instagram"这款移动社交软件的出现，让人们可以运用直观、美化的照片加上简短、有趣的小文案来捕捉生活中一闪而过的美好和趣味，附加的照片美化功能让人们更易于将生活中最完美的一面更便捷、及时地展现到网络上。加之大众对美和精致生活与生俱来的普遍追求，便衍生出风靡全球的个性、时尚、多元化的 ins 风潮流。

（2）ins 风的定义

ins 风介于大众与小众的中间地带，是一种时下流行的"小而美""小幸福"的审美形式。它简洁明朗的色调，充满设计感的风格，让年轻群体既能坚持自己的个性与品位，又能迎合大众化的时尚潮流。同时，ins 风对于空间硬件要求不算苛刻，只要些许灵动且时尚的点缀就能营造出独特的空间，这种性价比高、自由、个性的设计潮流更易于被追求个性与流行趋势的年轻人接受。ins 风的极度包容性也让年轻群体更易于随心打造属于自己的面貌多元的家，不管是哪种类型，追求空间质感和温情的生活体验，且保持独立个性和仪式感才是 ins 风所提倡的核心。

图片来源：Essence

（3）风格特点

①简洁硬装，严选材质。

ins 风设计的核心是简约，尤其体现在硬装上，墙面通常会大量留白，并运用大面积的几何色块来概括空间，再以大胆的材质进行排列铺设，对空间背景进行最大限度的整合来强化空间的视觉效果。同时，注重空间的舒适性和品质，对材料的选择更加严苛。软装材质通常拥有温和的质感，并倾向运用有温润感的圆弧造型打造空间。

图片来源：Justine Hugh Jones

②注重视觉的新鲜体验。

ins 风最突出的特点是注重感官体验的营造，尤其在视觉方面，不遗余力地为打造全新的风景而努力。在造型元素上讲究线条感与结构感，在单一立面构图上常常打破横平竖直的线条，采用波形曲线、曲面和直线、网格等平面组合，营造意外的视觉效果。

图片来源：Turbulences-Deco

③注重空间的主题性营造。

ins 风极具社交属性的特点，这决定了它更易于被年轻群体所喜爱。爱好拍照的人们希望自己家也能成为可以实时在线的舞台，所以 ins 风非常注重空间的主题性打造，常常会围绕一个或多个主题，构建空间里的场景效果，让家具有舞台布景般的非恒久性特点。比如可以运用当下的流行元素，如拱形、圆形、热带图案、动物或植物元素等打造鲜明的主题；也可以运用流行色彩进行反复强调，形成强烈的视觉冲击力和仪式感；或者运用主人精心收藏的物件、艺术品，随心打造独特的主题性角落。

④复古调性。

喜爱 ins 风的群体往往也有些许文艺气质，那依然坚定的初心寄托着这个群体的生活态度。所以 ins 风的空间往往带有几分温暖、怀旧的复古调性。ins 风的复古情怀还体现在对不同年代的致敬，对 20 世纪二三十年代的包豪斯致敬，形成了简约向的 ins 风；对 80 年代的孟菲斯主义的推崇，衍生出具有强烈色彩碰撞效果的 ins 风；而对八九十年代的怀旧，则带来了有未来感的复古主义气息。

图片来源：重庆万华麓悦江城，璞谧设计

图片来源：Villa Odaya，Humbert Poyet 设计

多元化 ins 风的家

ins 风具有极强的包容性，随着时尚潮流而变化，也接受不同时空的邀约，在与轻奢风、复古风、极简主义等时尚风潮相遇后，经过多番融合重组，从最初的单一倾向演变到如今的兼容并蓄，在注重主题性和视觉感营造的基础上，延伸出多元化的设计倾向。

（1）莫兰迪色系的家

从画家莫兰迪的静物画中提取的"高级灰"色系近两年席卷了时尚设计领域，大家纷纷迷上了这种"蒙着一层灰"的低纯度色彩。由于莫兰迪色系典雅耐看，被很多人用来指导家居设计，站在潮流前线的 ins 风也深受其影响。莫兰迪色系的家主要以淡漠驼、高级灰、雾霾蓝、烟灰粉等色彩为基调，最大的特点是注重色彩的微妙变化，低饱和度的色彩如同给明亮的空间笼罩上一层薄纱，以平缓的节奏连接起空间，让人感受到家的舒适宁静。

图片来源：GBD 设计

图片来源：艺筑亦美

图片来源：Chahan Minassian

经典搭配：

莫兰迪色系的家，整体色调温和，更适合搭配弧度柔和或圆角造型的家具及软包沙发，暗花纹或者肌理的布艺，可以提升空间的质感和触感，配饰运用则可以参照莫兰迪静物画中的静物造型或色彩与之接近的花器、配饰，花艺可以选择干花、干果等类型，与具有几何分割感的抽象画或有淡雅色块的简约画框搭配，营造出柔和宁静的 ins 风氛围。

图片来源：Cokelley

（2）现代复古感的家

复古又摩登的 ins 风自带高贵温婉的气质，适合营造有格调和仪式感的 ins 风之家。复古倾向的 ins 风结合了经典的建筑元素并对其进行精简、重组，同时将拱形、立柱等经典建筑元素应用于家具，再结合高级灰色彩，营造优雅、有仪式感的 ins 风格调。

另一种复古感的 ins 风则与旧公寓改造结合，保留部分老建筑的结构，比如原建筑的吊顶、装饰线条，再结合经典造型的家具、艺术品，或者选择与此风格完全相反的现代感十足的家具，搭配色彩浓烈的酒红色或静谧蓝色、墨绿色等，打造具有复古时髦感的 ins 风之家。

图片来源：Georgina Jeffries

经典搭配：

此类型的 ins 风空间可选用棕色、墨绿色、静谧蓝色、酒红色或紫色等浓郁的色彩为主色调，在家具细节上通常融入精简的拱形、旋转立柱等经典建筑元素。并选择单色调或几何图案的极简主义画作，搭配螺旋形或现代感造型的基础灯具，或是适当点缀古典造型的水晶吊灯，营造强烈的视觉反差。拱形门洞、窗户、弧形吊顶等简化后的古典建筑元素，以及局部保留的古典花砖等，都是诠释现代复古 ins 风之家的经典元素。

图片来源：Essence

（3）未来感与孟菲斯主义结合的艺术之家

　　未来感主题倾向的 ins 风结合了时下流行的魔幻或动漫游戏场景，注重打造具有情景体验感的独特空间，营造幻境之感，满足与现实生活分离的超现实想象。在兴起之初，这类主题主要运用于餐厅或主题影院等空间，但近年来，喜欢 ins 风的年轻群体也将这种"碰撞"精神和具有想象力的空间体验引入家居设计中，致力于打造不拘一格的未来感 ins 风空间。太空主题元素的渗入，星际幻梦般的灯光设计，有机形态的家具造型，浓郁而具有张力的色彩，令人耳目一新的创新材质，再加上对 20 世纪孟菲斯主义的致敬，铸就了这种别具一格、超脱时空束缚的空间体验。

图片来源：Eclectic Trends

图片来源：Kelly Wearstle

经典搭配：

　　这类 ins 风多以明艳的纯色为主色调，可以选择任何大胆的色彩经过合理搭配营造出强烈的碰撞效果，再运用彩色玻璃钢、亚克力等新颖材质打造的圆弧或几何造型的家具，适当点缀具有当代感的解构主义雕塑，以及综合材质的灯具、色彩跳跃的抱枕，即可营造出前卫的艺术氛围。

图片来源：济南远洋·天著春秋院墅，刘荣禄国际设计

（4）致敬包豪斯时代

当 ins 风的极致色彩和包豪斯风格的极简主义相遇，造就了一种非常有辨识度的 ins 风。这类 ins 风整体空间以直线和几何线条为主要元素，注重材质本身的质感，摒弃多余的装饰元素，秉承着"少即是多"的理念。在整体设计上更注重空间的分割，运用大量色块或几何造型构筑空间。与极简主义不同的则是 ins 风更注重通过线条的比例，在空间的节奏中打造具有仪式感的记忆点。与此同时，依然讲究空间秩序美和点、线、面的构成效果，运用明朗的线条打造冷静、理性的空间感。

经典搭配：

致敬包豪斯时代的 ins 风之家，在空间主色调上常选用灰色、白色、混凝土色、水磨石色或者拼色，搭配精炼的石材或金属不锈钢材质的家具，以及简约的布艺软包沙发，再点缀造型简洁的灯具、几何形态的镜面装饰、几何图案地毯，打造出具有理性、时尚感的 ins 风之家。

图片来源：济南远洋·天著春秋院墅，刘荣禄国际设计

（5）马卡龙色调的时尚之家

以马卡龙色系为主的柔美 ins 风，就像云朵一样拥抱你的全身心。其最大的特点是运用浪漫的马卡龙色系，注重各种色彩的微妙过渡，营造色彩的极度融合效果，并以材质新颖、造型圆润的时尚感家具搭配拱形门，具有序列感的竹节瓷砖，以槽板围合的弧形造型墙，融入有机造型的灯具和配饰，营造出浪漫时尚的 ins 风氛围。

图片来源：Behance　　　　　　　　　图片来源：一然设计

经典搭配：

马卡龙色系的 ins 风之家，通常选择粉灰色、粉绿色、粉蓝色、粉色等柔美的马卡龙色系为主色调，搭配圆润造型的亚克力、玻璃或彩色玻璃钢等融合材质家具。并选择圆弧造型的灯具、有机造型的摆件，以及波普风格的装饰画，打造时尚甜美的 ins 风之家。

图片来源：一然设计

图片来源：Notoo Studio

（6）混搭时尚感的家

　　这类 ins 风主题突破了风格的框架，并不拘泥于 ins 风既定的经典元素，通常将各种时尚和艺术元素进行混搭，营造出具有戏剧感的空间格调，是 ins 风多元化演变的极致体现。在色彩运用上也通常以缤纷的多彩色为主，或者大胆运用撞色，同时也会注重色彩之间的对话。这类主题倾向的 ins 风通常需要较大的空间格局，才能体现其张扬不羁的个性。

　　经典搭配：

　　时尚混搭的 ins 风之家，常用的主色调有墨蓝色、落叶黄色、薄荷绿色或者靛蓝色、翠绿色、紫色等色彩。整体色彩强烈、大胆又带有几分细腻，为了增添空间的时尚感，也会加入金属色或者黑白条纹等。再搭配毛绒或丝绒材质的休闲沙发以及有机造型的茶几、边几等，增添空间的精致感。除此之外，色彩缤纷的地毯或地砖，也给空间增添了丰富的视觉语言。

图片来源：Rodolphe Parente

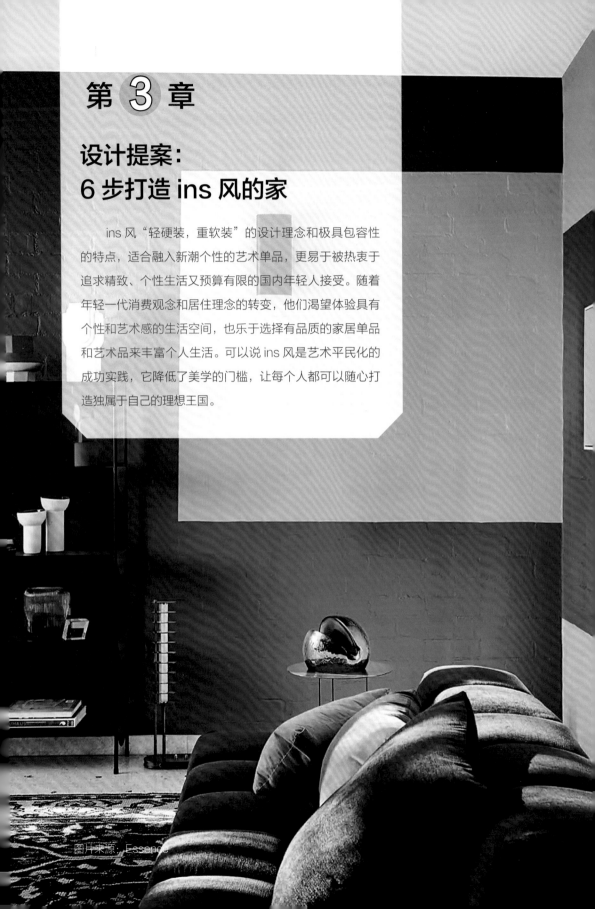

第 3 章

设计提案：
6 步打造 ins 风的家

　　ins 风"轻硬装，重软装"的设计理念和极具包容性的特点，适合融入新潮个性的艺术单品，更易于被热衷于追求精致、个性生活又预算有限的国内年轻人接受。随着年轻一代消费观念和居住理念的转变，他们渴望体验具有个性和艺术感的生活空间，也乐于选择有品质的家居单品和艺术品来丰富个人生活。可以说 ins 风是艺术平民化的成功实践，它降低了美学的门槛，让每个人都可以随心打造独属于自己的理想王国。

图片来源：Essence

第 1 步　材料选择与运用

　　ins 风空间鲜明的视觉特征拥有让人过目难忘的辨识度。就像一幅画的底色，经典、新颖的多元材质奠定了 ins 风极具包容性和精致的空间基调。再融入极具潮流和艺术性的家具、配饰单品，让你拥有一个高格调的 ins 风之家。

图片来源：Crosby Studios

图片来源：Trendland

1. 大块面运用材料

（1）拼色乳胶漆

　　乳胶漆的拼色运用是打造 ins 风空间强烈视觉效果最简洁的方式。拼色的运用有不同的方式。一种是运用对比色或同类色，在不同的立面或功能空间以不同的色彩涂抹，大片的拼色将空间分割成不同块面，利用色彩有效区分空间，增加视觉趣味性和空间的戏剧效果。运用这种拼色时，要尽量精简空间里的其他装饰，以大色块整合空间，而地面则可以选用重复的几何图案，营造出有趣的视觉错位感。

另一种方式则是在同一面墙上拼装不同的色块，作为沙发或床头的背景，这种拼色的方式更加直白随性，不需要对不同的空间关系进行分析。可以选择自己喜爱的颜色进行几何拼接，让空间色彩更加活泼跳跃，打造空间的视觉焦点。

图片来源：秀舍设计

（2）主题性壁纸

壁纸的选择非常多样，也是塑造 ins 风空间主题最便捷的方式。运用有特色的渐变图案、抽象图案、水彩晕染图案或是浓郁精致的动植物图案等壁纸作为墙面背景，并将壁纸图案与家具、配饰元素或是艺术品相结合，即可打造出 ins 风空间里的独特主题。

图片来源：Nebihe Cihan

> **小提示**
>
> 要想选择适合 ins 风空间的壁纸，有两种方式。一种是选择与家具的色彩、造型或面料相呼应的图案，将家具单品融于壁纸图案中，形成统一的视觉效果；另一种则是运用强烈对比的方式，如果是繁复精细的壁纸，则选择单色的家具，以起到更好的衬托作用，突出壁纸在空间里的主角地位。

（3）造型各异的槽板、竹节瓷砖

　　槽板多用于 ins 风空间的立面造型或客餐厅、卧室的背景装饰，以半弧形或直凹凸板居多。比如可以选择竖条状的凹凸板或者大块的圆板在空间里均匀重复排列，打造空间的序列感。竹节造型板则可以让墙面形成自然的弧度，给 ins 风空间带来时尚的未来感。

　　竹节瓷砖既可以运用于卫生间和小空间，又可以用于大面积的装饰，比如餐厅的背景墙等。同时，也可以运用竹节瓷砖有弧度的造型将空间中的拐角、承重墙隐藏起来，更好地利用空间死角，既能美化空间，又具有实用性。

图片来源：Designboom

（4）水磨石

因其怀旧的风格和温润质地，水磨石重回大众视野成为设计界的新宠。水磨石具有细腻的纹理和丰富微妙的色彩，带给空间恒久的想象力。同时，它多样的纹理和花色让其更具有兼容性，可以和各种材质及造型的家具相融合，让空间呈现出独特的美感，令精致时尚的 ins 风之家多了几分年代感。

图片来源：Notoo Studio

小提示

水磨石与黄铜等金属元素的组合可以说是 ins 风里的绝配，两者相互碰撞，水磨石温润质朴的颗粒感中和了金属的光亮质感。如果选择色彩活泼、颗粒感较粗的水磨石，与造型简洁的黄铜家具或灯饰构件搭配，则能碰撞出精致优雅的复古感 ins 风。另外，水磨石也可以单独作为家具台面或是小件的装饰，成为深受追捧的 ins 风热门单品。

图片来源：Mops Studio

（5）纹理纯净的大理石

在 ins 风的空间里，往往会选择纹理纯净自然的大理石来装饰电视背景墙、餐桌或厨房台面。大理石与金属构件的家具或灯具搭配，让 ins 风空间更显时尚优雅，而其纯净自然的纹理，也赋予空间丰富细腻的视觉美感。

图片来源：Angelica Chernenko

小提示

在 ins 风空间的设计中，选择大理石时，要考虑整体空间的冷暖调性，并适当与墙面、木制家具的色板进行呼应，营造统一的空间格调。并尽量选择纹理自然纯净的大理石，避免视觉上的杂乱。同时，大理石的背景墙与拉丝金属收口、衔接条也能完美搭配，给纯净的空间增添精致感。

图片来源：元禾大千

(6) 微水泥

　　微水泥是时下流行的新型材料，是由水泥、水性树脂、添加剂和矿物颜料组成的装饰性涂料，适用于地板、墙壁和天花板等位置，最大的好处是没有接缝，便于空间清洁和维护。且可塑性极强，可以做到墙、顶、地面的统一涂抹，其半固态的视觉效果也可与其他装饰材料完全贴合。

　　同时，微水泥的完成面厚度非常薄，用于地面时厚度只有 3 毫米，而用作墙面时厚度可以控制在 0.5 到 1 毫米之间，这种极薄的特性可以涂抹出非常漂亮的无缝、连续性表面。如果想做出当下流行的、特殊的弧形或拱形的墙面或天花造型，微水泥也能很好地贴合，这种可灵活运用的特性非常适合打造 ins 风空间的艺术化造型。运用时无须考虑接缝问题，可以形成连续、流动、整体化的视觉效果。

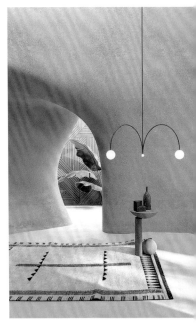

图片来源：Notoo Studio

2. 点缀材料

（1）镜面

　　镜面是 ins 风空间里非常重要的点缀装饰，光亮多彩的镜面效果让空间更具有延伸性和序列感。比如，在餐厅背景墙或是客厅背景墙适当点缀一面由彩色镜面拼接的弧形或半圆装饰镜，可取代装饰画成为空间里斑斓靓丽的吸睛神器，演绎精致时尚的 ins 风格调。如果在玄关空间显眼的位置搭配一面造型独特的穿衣镜，比如丝绒面料或是黄铜框架的拱形镜，其造型独特时尚，本身就是一件艺术品，在营造空间纵深感的同时，提升了空间的艺术气息。

图片来源：Notoo Studio

图片来源：Leibal

图片来源：Fredrikson Stallard Mirror "Pantheon"

最为经典的运用要数当下流行的彩虹镜，其通透的质感和缤纷的色彩可作为背景墙的艺术装饰，让空间拥有彩虹般的斑斓轻盈和丰富的层次感，可以说是营造 ins 风空间仪式感最为便利的法宝。为避免空间产生虚浮和炫目感，这种镜面材质仅可作为点缀运用。

图片来源：塞拉维设计

（2）艺术玻璃

时下流行的长虹玻璃和玻璃砖等艺术玻璃非常适合运用于简约中带点复古格调的 ins 风空间，艺术玻璃丰富细腻的凹凸肌理为空间增添了几分怀旧味道。尤其是拥有细腻线条纹理的长虹玻璃，与工业感的铁艺门框或窗框是绝配，玻璃朦朦胧胧的轻盈质感与粗犷的铁艺碰撞出年代感。而透光柔和的玻璃砖则可单独作为隔断墙，兼顾划分空间和采光的作用，让空间更显轻盈。

轻盈通透的玻璃家具也是 ins 风空间里的经典单品，出现最多的是造型纤巧的玻璃茶几，多有圆润的弧度和边角，并融入丰富的茶色、银灰色或香槟粉色等色彩，给 ins 风空间注入柔美精致的格调。

玻璃砖（图片来源：GBD 设计）　长虹玻璃（图片来源：柏舍设计）　彩色玻璃（图片来源：GBD 设计）

（3）金属

金属材质是提升 ins 风空间优雅格调和精致感必不可少的点缀元素。金属元素通常以收口条或家具配件的形式出现，常用的金属装饰元素有黄铜、铝合金、拉丝不锈钢等。

金属构件的家具、灯具或配饰为 ins 风空间增添了精致时尚的格调。可以根据空间格调选择使用造型简约的黄铜画框、摆件，或是黄铜构件的吊灯、桌椅、茶几等。这些温暖光亮的材质点缀让简洁时尚的 ins 风空间里多了优雅精致的温度感。

图片来源：Essence

（4）花砖

纹样或复古或清新的花砖可以搭配出有趣又令人难忘的视觉效果，是制造 ins 风空间视觉记忆的法宝。重复的图案、复古的花纹，让人过目不忘。即使只在局部或厨房、卫生间、阳台等小空间出现，也能让这些容易被人忽略的角落焕发独特的魅力。由于花纹多样，在使用时需要控制纹样的种类，避免大面积运用或者将纹样迥异的花砖运用于同一空间，造成视觉疲劳。

图片来源：TERZO PIANO

图片来源：维德卡蒂

在厨房使用花砖时，对于面积大的橱柜和天花板，选择简约纯色的款式就好，以免和花砖纹理相冲突，从而破坏整体空间的主题性，在地面则可以使用更大胆的图案，拉开与墙面的层次。而若在卫生间运用花砖，在地面、装坐便器的墙面或者洗漱台墙面中，选择一处即可，如选择多重花纹混搭，则应该注意纹路的整体色彩和主题的协调。

第 2 步　色彩选择与搭配

色彩绝对是 ins 风的灵魂所在，是空间里最大的记忆点，能打造令人印象深刻的 ins 空间。同时，色彩也与空间的主题性和仪式感营造息息相关。虽然 ins 风的色彩趋向时常受到社交媒体热门话题的影响，但色彩的搭配规律是不变的，掌握了 ins 风的色彩运用规律，就可以在瞬息万变的时尚潮流中把控好 ins 风家居设计的整体格调。

图片来源：MKCA

1. 经典色彩选择

ins 风兴起之初，大面积芭比粉色的运用席卷了大大小小的网红店，这不过是 ins 风色彩的冰山一角。随着网络媒体逐渐多元化和大众接受范围的扩大，ins 风的色彩也跟随潮流而变化。除了粉色，ins 风对于高级色彩的运用也极其讲究。比如莫兰迪色系的运用，以及波普艺术大胆运用撞色等，给 ins 风的家带来丰富多元的样貌。

（1）追随时尚潮流的色彩

由于 ins 风自带的社交属性，其色彩嗅觉的敏感度极高，极易受到网络流行趋势的影响。比如每年发布的潘通（PANTONE）流行色、年度色系等，都实时影响着 ins 风家居的色彩走向。随着草木绿色的盛行，打造植物色系的家曾一度成为 ins 上最流行的话题；随着人类对宇宙探索的深入，太空宇宙的色彩也影响着 ins 风的色彩趋势。

图片来源：IF DESIGN 羽果设计　图片来源：Kelly Wearstler

（2）大胆的撞色

　　20 世纪 50 年代，波普艺术开始萌芽，到 60 年代中期，波普艺术取代了抽象表现主义而成为主流的前卫艺术。波普艺术重要的色彩特征就是对比色的运用，其配色大胆创新，突破常规。ins 风也受到波普艺术影响，大胆创新的色彩深受年轻一代的追捧。这种极致的色彩运用，给人留下极深刻的视觉印象，更易于打造 ins 风空间抢眼的视觉中心。

图片来源：Notoo Studio

（3）低饱和度的色彩

受到意大利画家莫兰迪的影响，当下的 ins 风家居也多以低饱和度的浅色系来搭配空间，这种像是蒙了一层灰度的色彩传递出的情绪较少，让人更有归属感和宁静感。而低饱和度的色彩在视觉上也更干净利落，让空间显得更高级、更舒适。

图片来源：巢空间设计

2. 色彩灵感提取方法

在进行空间的色彩设计时，首先要确定自己喜欢的色彩主题，再根据统一的色彩主题合理运用色彩调配空间。ins 风空间多元化的色彩倾向，让人们可以更灵活地获取色彩灵感，比如可以根据不同的空间格调从名画、大自然或是时尚潮流中汲取灵感。

图片来源：巢空间设计

（1）从名画中提取色彩

　　ins 风很常用的色彩提取方式是从艺术画作中获取灵感。选择一幅自己喜欢的名画，将画中的颜色提取出来并制作好色板。在进行空间色彩配置时，参考色板将空间里的所有装饰颜色控制在三种之内，之后就将这些颜色按照空间高低和不同的视觉重心来布置，并利用同色系的不同深浅色调来搭配出层次感和渐变感，即可打造出雅致高级的 ins 风之家。

图片来源：KOOMARK 库玛设计

（2）从大自然中提取色彩

　　大自然中的色彩自带清新悦目的情绪，如果想打造小清新格调的 ins 风之家，从大自然中汲取色彩灵感是不错的选择。比如从森林、花朵或者昆虫的色彩中寻找灵感，并制作成色板，再将这些色彩合理地运用到空间里。带有自然属性的色彩怎样搭配都不显得突兀，给 ins 的家平添清新舒适的氛围。

图片来源：左下图，摄影师 Adnan Bubalo 的风光摄影作品；右下图，奥斯陆创意工作室 Krkvik & D'Orazio 的作品

（3）从时尚趋势中获取灵感

追随时尚的 ins 风，通常会从每年发布的潘通流行色彩趋势中获取灵感，并将色板与空间主题相结合，打造出具有流行话题的色彩主题，成为空间里的视觉焦点，让家具既时尚又夺目。

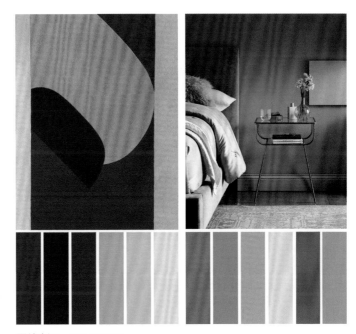

图片来源：PANTONE

3. 色彩搭配原则

（1）确定统一的色彩基调

要想打造令人印象深刻的 ins 风之家，首先要确定清晰统一的色彩基调，否则会让空间失去独特的个性，趋于平凡。比如，可以选择清新柔和的色彩基调，营造出轻盈柔美的空间氛围（下页左图）；也可以选择趋于成熟稳重的色彩基调，运用浅棕色、浅灰色、裸粉色等更为雅致的色彩，打造宁静、高雅、更有质感的 ins 风空间（下页右图）。

图片来源：巢空间设计   图片来源：南宁阳光城江山璟原样板间，G&K 桂睿诗设计

（2）色彩的调和运用

　　如果 ins 风空间里的色彩较多或过于花哨，可选择中性色彩进行调和，比如可以运用原木色、混凝土色或者灰色、金属色等色彩来调和整体空间的色彩基调。如果是纯白色或低饱和度基调的高级感 ins 风空间，则可以运用高饱和度色彩的配饰元素来中和空间的冷感。

图片来源：Chelsea Hing   图片来源：厦门樾山海，柏年印象

（3）色彩的呼应和反复

　　运用大块面的色块进行空间配比，是打造时尚个性 ins 风之家的常用手法。比如，在不同的空间立面选择不同的色彩倾向，并运用家具、布艺、饰品等软装上的点缀色彩与这些大块面色彩形成呼应和反复，让空间里的不同色块形成融合、交错的效果，营造统一又丰富多元的色彩氛围。

图片来源：Notoo Studio

（4）经典撞色的运用：不设限的色彩及搭配方式

　　在极具动感的撞色 ins 风空间里，色彩搭配往往冲破了色彩之间的界限。在家具和装饰元素造型统一的前提下，通常会选择自由大胆的色彩，运用高对比度的纯色并置于空间，也可运用多重色彩进行混搭，制造冷暖色调的碰撞，以大胆的对比色打破空间秩序，营造一种富有摇滚乐动态感的空间体验。

图片来源：会筑设计

小提示

    撞色的运用并非一味地用直白的对比色进行并置，而是在不同的对立色块中制造细微的层次变化，形成对立色彩在空间里的融合状态。比如下左图：薄荷绿色、西瓜红色、翠绿色的色彩组合带来夏日的清新感。如果仔细观察，可以看到在红色色块中，通过深浅色彩的配置细分为深红色、大红色、粉红色，绿色也同样细分为不同层次的绿色系。

    撞色的另一种运用方法则是大面积地运用某一种色彩，只在局部运用对立色，进行色彩的"破坏"。比如下右图中的红色碰撞蓝色，很明显，空间以不同层次的红色系为主，浓烈的小块蓝色则成为空间中的视觉中心。

图片来源：Turbulences-Deco

图片来源：Notoo Studio

第 3 步　家具及布艺的选择与搭配

　　ins 风因受多种风格的影响，呈现出多样化的面貌，在家具和布艺的选择上非常注重设计感和舒适性。在简洁干净的空间背景下，新颖时尚的家具和布艺为空间增添了别样的风景。时尚个性、圆润灵巧或精巧别致的家具及布艺单品是打造独特个性的 ins 风之家不可或缺的元素。

图片来源：Chelsea Hing

图片来源：Kelly Wearstler

1. 家具选择

　　家具是空间里极为重要的主角，ins 风设计通常会选择具有艺术化造型且兼具人性化设计的家具，并让家具与简洁的硬装空间完美融合。精心选择的家具也因其独特的艺术造型和精致细节，成为 ins 风空间里非常鲜明的视觉焦点。

（1）注重舒适感的轻巧家具

　　ins 风的家具注重流畅的线条感，通常以直线辅以圆角勾勒，或者以弧形、圆形、半圆形等圆润的几何造型打造，既有轻奢风的优雅，又兼具北欧风的灵巧舒适。材质上注重舒适性和品质感，多选用质感高级的丝绒、羊绒或是黄铜、亚克力、有色玻璃等打造。家具形体普遍偏矮，其简洁轻盈的体态也更易于和整体空间融合，让空间节奏更为轻快、灵活，适合营造 ins 风之家的幸福氛围。

图片来源: Ronen Lev

　　这几款家具造型圆润，兼具雅致和舒适感，弧形和拱形的造型让人联想到中世纪的教堂，浓郁的色泽、丝绒材质，艺术气息满满，同时也具有仪式感。

图片来源：2LG Studio

　　下图中的家具色彩十分突出，加上几何的造型，堆叠、重复的图案带来节奏感和轻松感，适合比较柔和的 ins 风。

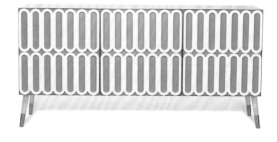

图片来源：Royalstranger

（2）注重创新和设计感的家具

ins 风的家具多带有浓厚的现代感和金属感，大胆选用新颖多元的现代材质打造，比如亚克力、玻璃钢、植绒等。在家具造型上也相当前卫，多融入充满科幻感和未来感的有机造型。在家具色彩上多选择突破常规的撞色，比如紫色与草绿色组合，宝蓝色与酒红色组合等，更为空间增添了绚丽多彩的时尚梦幻感。

图片来源：Kelly Behun

图片来源：Fabrice Berrux

法国设计师法布里斯·伯鲁克斯（Fabrice Berrux）擅长从建筑中寻找灵感，拱形的造型和时尚的面料自带ins 风元素，讲究的用色和面料让家具颇具时尚感。

　　乌克兰设计师达丽亚·齐诺瓦特纳亚（Daria Zinovatnaya）无疑是孟菲斯主义影响下的代表性 ins 风设计师，她的家具造型天马行空，配色大胆前卫，让家居设计界刮起了一阵色彩浓郁的撞色 ins 风。

图片来源：Daria Zinovatnaya

　　这几款家具十分经典，均为适合 ins 风空间的几何造型作品。比如，由荷兰设计师海斯·巴克（Gijs Bakker）设计的椅子（左下图），采用 ins 风典型的拱顶造型，巧妙地与椅子的结构结合。而如右下图这样的一系列模块化的几何拼接家具，则更契合 ins 风的前卫感。

图片来源：Vitra　　　　图片来源：Nortstudio

2. 家具搭配原则

家具犹如舞台布景下的主角，在 ins 风简洁的空间背景下，把控好家具的整体风格，再运用合理的搭配方法，以对比、呼应，以及不同单品之间层次感的构建等多种手法精心调配，就能营造出格调满分的 ins 风之家。

（1）注重家具风格的统一、连贯

由于 ins 风的设计热衷于追随多变的网络时尚趋势，所以在家具选择上要注重颜色或样式上的统一和延续性，才能创造和谐的空间格调。可以从家具的材质和造型入手，运用重复的手法创造这种延续性。比如，选择在局部运用同样材质或颜色的家具，或者选择造型一致但颜色不同的家具，营造出视觉上的连续性，产生统一又多变的空间记忆点。

图片来源：Nina Maya

图片来源：Jennifer Robin

（2）注重家具之间的呼应和对比

　　ins 风空间非常具有包容性，通常会将品牌不同但在色彩和造型语言上有共同点的家具合理整合到同一空间。在进行搭配时，通常会注重不同家具的细节或材质的相互呼应，并与整体空间形成关联，达到相互融合的状态。所以，家具的混搭并不是乱搭，而是在不同之中寻求共性，再进行合理搭配。

图片来源：Vogue Australia

> **小提示**
>
> 　　混搭对于 ins 风空间家具运用是很有效的方式，不同格调和材质的家具，可以同时在同一空间出现。比如，野性十足的软包沙发混搭前卫的茶几，温暖清新的单人沙发搭配具有立体感的床头柜，软硬材质的混合搭配，让空间兼具舒适性和时尚感。

图片来源：Olga Malyeva

（3）布局层次分明

　　ins 风非常注重营造高低错落的层次感，常利用不同造型的家具在空间中"造景"，通过对称排布，或者均衡配比，在空间中打造丰富的视觉效果，让人从不同的角度体验不同的风情。

（4）营造主题性的角落

　　ins 风注重运用具有艺术感的家具营造主题性的角落，为生活增添一分仪式感。快节奏都市生活中的年轻人，都渴望有一个可以全身心放松又有仪式感的角落。运用几件独特又舒适的、具有艺术感的家具及布艺，经过巧妙地摆放即可打造出一个独有的角落。在这里可以欣赏珍藏的艺术品，体验音乐和美食，享受舒适惬意的美好时光。

图片来源：Olga Malyeva

小提示

　　如果家里有落地窗，可以在房间靠窗一角摆上几把羊绒或藤编的单椅，以及几盆绿意融融的绿植，加上一块图案丰富的地毯，一杯茶、一本书，足够让你待上一个下午了。如果阳台空间足够大，也可以运用几件独特的小件家具，结合收藏的画作和植物，打造一个赏花的角落，独自享受悠闲惬意的下午茶时光。

图片来源：Arent & Pyke

3. 布艺的选择

（1）抱枕：独特造型活跃气氛

抱枕是装饰 ins 风空间非常实用的元素之一，抱枕的不同图案和色彩的点缀，给空间增添了活泼的氛围。在 ins 风空间里，通常会选用大小不一、造型独特的抱枕，比如球体、U 形、立方体等，这些极具体块感的抱枕，可以让空间一下子生动起来。立体、独特的抱枕与造型新颖、时尚的家具也十分契合，与空间里的拱形、弧形元素交相辉映。

图片来源：冉晴，尚舍生活设计

左下图中的造型感极强的立体抱枕，具有高级的配色和丝绒材质，给 ins 风空间增加了一丝活泼感。右下图中的球体抱枕则自带一种运动气息，跟 ins 风的清新氛围产生了有趣的对比。

图片来源：NICEONE

图片来源：Livepool Studios

下图中的坐墩非常可爱，精细的图案加上大胆的配色，不规则的造型很适合作为空间的点缀。而右图中的绳结圆墩和靠枕，因其巧妙的造型和明丽的色彩，给 ins 风的家带来几分奇幻感。

图片来源：Moroso

图片来源：Knots Studio

（2）地毯的选择：延伸视觉感和主题性

ins 风空间里常会选择几何图形或渐变纹理的地毯，地毯图案的选择要和整体空间的造型有所联系。可以从空间材质中汲取元素，将其运用到地毯的图案和纹理上，也可以将装饰画的图案或色彩延伸到地毯上，形成两者之间的隔空对话。

图片来源：Kelly Wearstler

右图中的地毯拥有几何的图案，圆形、半圆形的序列十分契合 ins 风的格调。下图中的地毯风格也十分独特，戏谑的造型带有几分调侃，明朗的色彩给 ins 风带来一丝清新和特立独行，非常适合有未来感倾向的 ins 风空间。

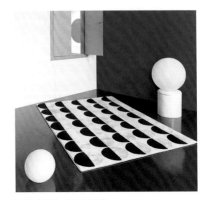

图片来源：青山美宿

图片来源：Okej

4. 布艺的搭配法则

布艺织物在 ins 风空间里占据着较大的比例，因其丰富的图案和材质成为营造空间舒适感和氛围的重要介质。ins 风的经典布艺主要有窗帘、床品、靠枕和地毯织物等，各种单品经过合理搭配，即可打造出舒适宜人的 ins 风之家。

图片来源：TRD 设计

（1）选择天然舒适的材质

ins 风与其他的居住风格一样，对空间舒适度有极高的要求。在布艺面料上，通常选用亲肤的棉麻、羊毛、丝绒等材质。这类材质更贴近人的温度，同时能安抚居住者的情绪，让 ins 风的家不仅具有美丽的外观，更兼具舒适的质感和温度。

（2）布艺与空间相互呼应

为营造 ins 风空间精致、有格调的主题性和氛围感，在布艺的色彩和样式选择上通常会与空间的色彩和造型形成呼应，同时也与家具细节形成紧密的联系。比如沙发、靠枕通常选择墙面颜色的相近色，面料的图案与空间中的壁纸图案或墙面造型形成呼应，以此来强化 ins 风空间的主题性和氛围感。

图片来源：万华重庆麓悦江城样板间，杜文彪

（3）运用布艺织物联结家具和空间

布艺织物是处于空间和家具之间的介质，在 ins 风的空间里，布艺的色彩和材质通常会作为衔接空间和家具之间的桥梁，让整体空间更加融合。比如下图中，布艺运用了介于家具和墙面之间的深色调，形成墙面和家具不同色彩之间的过渡。或者在抱枕上增加一种不同于墙面和家具的色彩，使空间不过于单调。也可以将壁纸上的色彩延伸到织物上，形成色彩之间的隔空对话和互相渗透。

图片来源：南宁阳光城江山璟原样板间，G&K 桂　图片来源：德沐设计
睿诗设计

（4）运用布艺图案营造空间的疏密对比

以丰富的图案增加空间的格调是 ins 风非常重要的设计手法。在布艺图案上，通常会选择引人注目的花纹，在搭配方式上也注重疏密有致。如果墙面的壁纸图案或颜色比较丰富，则会选用纯色的沙发以拉开空间的层次感，并点缀带有暗纹的纯色抱枕，再搭配黑白图案的地毯。如果每一件织物都是布满图案的，则会选择不同比例或不同纹理面料的图案，或是选用色块图案进行中和，以拉开空间的层次感。

图片来源：IF DESIGN 羽果设计

图片来源：方黄（设计）集团

第 4 步　经典配饰元素选择与运用

图片来源：戴勇室内设计事务所

　　易于吸收时尚潮流的配饰元素是打造 ins 风空间主题性和仪式感非常重要的单品，多元化的艺术配饰也给 ins 风之家带来独特、个性的空间格调。在配饰元素的选择上需要特别用心斟酌，才能设计出具有高级感的 ins 风之家。

1. 经典造型元素运用

　　ins 风极大的特点是主题性极为鲜明。为使空间主题不落俗套，ins 风空间注重吸纳具有辨识度和艺术个性的造型元素，这些造型元素遍布空间的各个角落，与家具、壁纸、灯具互相呼应，或点缀于局部空间，活泼又不失个性，形成 ins 风空间不可取代的视觉焦点。

图片来源：一然设计

（1）造型元素的选择

①动物元素。

动物元素是 ins 风设计中非常独特的素材，为空间带来神秘、野性、活泼的氛围。动物元素大多运用于壁纸、窗帘面料，也可以与植物元素完美结合，用于灯具、小件家具造型等。

图片来源：一然设计

图片来源：方黄（设计）集团

②科幻元素。

梦想重回 20 世纪的包豪斯时代,痴迷于对宇宙和未来元素的探索,带有时代感的科幻元素再次成为 ins 风空间的追捧对象。科幻元素多运用于灯具和家具造型或是壁纸、地毯图案上,给 ins 风的家增添了外太空的前卫和时尚感。

图片来源:龙湖·景粼《玖序 MAX 墅,则灵艺术   图片来源:元禾大千

③几何图案及三维立体元素。

几何图案的运用给 ins 风空间带来丰富的体块感和科幻感。将时下最热门的拱形、半圆形、椭圆形或是菱形图案结合色块运用于装饰画、墙体造型或门框造型等处,给现实空间带来一种未来的时尚感,让人仿佛步入流行游戏《纪念碑谷》中神秘而悠远的意境。

图片来源:2LG Studio

图片来源:Crosby Studios

时下流行的三维立体画，以线条分明的几何块面或半弧形的立体造型运用于墙面装饰，成为空间里独特的小型艺术装置，给空间带来浓郁的艺术气息和层叠交错的视觉效果。如果配合镜面的反射，可以营造出虚幻与现实交相辉映的戏剧性，适合打造具有前卫时尚感的 ins 风空间。

图片来源：Angelica Chernenko

④水彩元素。

水彩爆棚的艺术感与格调清新活泼的 ins 风十分契合。水彩呈现出独特的视觉效果：一是"水"，流畅而透明；二是"色彩"，流动的色彩更易于激发人的想象。它很适合大面积运用，布满整面墙的流动色彩让整体空间与背景融为一体，搭配静面的家具或布艺，形成动态、流畅的视觉张力和浓郁的艺术氛围。

图片来源：Kerrie-Ann Jones

（2）造型元素的搭配原则

①选定元素主题。

ins 风常用的造型元素多种多样，要先找到
自己喜爱的主题，再围绕主题选择元素，制造同
类主题元素的相遇，就能打造出张弛有度但主题
鲜明的 ins 风之家。再将选定的有艺术感的元素
与丰富的家具单品，配合整体空间的色彩和材质，
运用合理的搭配原则，就可以打造出一个艺术感
满满的 ins 风主题角落。

②控制元素运用比例。

图片来源：IF DESIGN 羽果设计

不同的元素在空间里的运用比例也各有不同，装饰性元素的比例最
好控制在整体空间单品的 1/4 之内。如果选择流行的时尚元素作为 ins
风空间的主题，只精选少量在空间里恰当的位置做适当点缀即可。由于
流行元素会随着时尚潮流的更迭而变化，如果大量运用，容易过时又让
空间显得浮夸。所以，元素的运用要宁缺毋滥，找到自己真正感兴趣的
主题，选择质量上乘的艺术品点缀一二即可。

图片来源：Sisalla

③从经典画作中获取灵感。

如果想要打造艺术化的 ins 风之家，可以运用一些经典画作，比如向大师致敬的系列画作，或者是当代顶级大师的作品，进行重新装裱或者诠释。也可以将小块几何形体的点缀色块散落到空间各处，形成空间里自由随性的艺术性装饰。

图片来源：GBD 设计

④在墙面上做文章。

ins 风空间的墙面通常保持留白，仅仅运用纯色壁纸或乳胶漆进行铺设，这时空旷的墙面便可大做文章。可以选择大型的壁挂作为空间的主体装饰，壁挂的造型和色彩可以与整体空间的色彩及家具造型相呼应；也可以选择与整体空间截然不同的色彩及造型，以独特的姿态成为空间里的点睛之笔。

图片来源：Nina Maya

2. 配饰元素的运用

（1）艺术化的单品或收藏品：设计师品牌的运用

要想设计出质感高级的 ins 风之家，选用设计师品牌的单品和艺术家的衍生品是极为有效的手段。比如 Bang & Olufsen 音响、Smeg 冰箱、奈良美智的梦游娃娃、稀奇艺术的陶瓷摆件、KAWS、考尔德的雕塑衍生品等，将这些高品质的艺术单品合理运用于空间中，可以瞬间提升 ins 风之家的空间格调和艺术趣味。其造型具有独特质感，本身也是一件艺术品，形成空间里引人瞩目的讨论主题。

图片来源：G&K 桂睿诗设计

图片来源：Kelly Behun

图片来源：Bang & Olufsen 音响

图片来源：Smeg 冰箱

（2）装饰画的选择与搭配

　　装饰画是 ins 风空间里重要的装饰元素，它的存在让墙面富有灵魂，也是营造空间艺术感和主题性的重要方式之一。只需要一幅画或一组画就能弥补白墙的单调，还能营造极具美感和灵性的空间氛围。

图片来源：Andrea Rodman

①画作图案的选择。

ins 风的画作通常选择简洁、有概括感的图案，分为抽象画作、色块拼贴、几何图案和小型的线条勾勒图案，以及综合材料类装饰画、穿插少量的摄影作品等类型。

抽象画作可以选择大师的作品，比如毕加索、马蒂斯，或者抽象表现主义的画家如波洛克、德·库宁等，或是极简主义的画作；而色块拼贴的画作，则更适用于注重和空间整体色彩形成呼应或对比的 ins 风空间；几何图案的画作需要和空间里的线条造型有所关联；小型线条勾勒的图案或综合材料类画作（如动植物标本、编织等），可以打破空间的统一和谐性，增添生动活泼的自然气息。

图片来源: Decus Interiors

图片来源: IF DESIGN 羽果设计

②根据空间色彩选择画作。

根据周围环境的主色调，比如沙发、窗帘或者墙面颜色，选择与它们颜色互补的装饰画。比如红色对绿色、蓝色对橙色，让两种颜色形成碰撞，从而突出画面内容，营造具有强烈视觉冲击的 ins 风空间。

小提示

如果不想太突出装饰画，希望让其融入空间里，可以选择与沙发或者背景墙同色系的画，营造和谐统一的 ins 风氛围。

图片来源：Sisalla

图片来源：Andrea Rodman

③画框种类选择。

根据画面内容，可以选择黑色、原木色、白色或金色画框，也可根据风格和墙面定制。如果墙面是简洁的白色，可选择原木色、白色和黑色画框，或者无框画的形式。如果是彩色或是有图案的壁纸，则可以适当加大画框的厚度和宽度，以突显画面。

图片来源：椐象设计

图片来源：厦门樾山海，
柏年印象

小提示

在画框的尺寸选择方面，有四种尺寸是最常用的。40 cm×60 cm 可以悬挂在小房间的墙面，显得精致可爱；50 cm×70 cm 适合运用于小户型 ins 风的客厅，配合沙发背景营造仪式感；而 60 cm×80 cm 则适合运用于大平层的玄关，让主人进出门时都能收获好心情；70 cm×95 cm 的大尺寸可挂于卧室，提升空间格调。

图片来源：Nina Maya

图片来源：方黄（设计）集团

④装饰画的组合方式。

a. 把画挂低

把画挂得尽量低一点，制造出和柜子融为一体的错觉，也使得装饰画与饰品、灯具等形成装饰组合，变成空间里一个完整的视觉亮点。而画作与饰品、灯具也正好形成一种前后遮挡的关系，增加了空间的层次感。

图片来源：Angelica Chernenko

b. 装饰画墙

可以在沙发后或者床头的背景墙上挂上系列画作，画作可以大小不一。或者和自己喜欢的照片搭配，打造成一面独具个人记忆和品位的装饰画墙，增加 ins 风空间的温馨感，丰富视觉感。如果是三幅以上的画作，可以选择山字形挂法、众星拱月和 N 字形挂法。

图片来源：Kelly Behun

图片来源：Kerrie-Ann Jones

图片来源：Shelby Girard

c. 数量组合法

装饰画的组合并非杂乱无章，而是有迹可循的。如果是单幅的画，可从挂放高度以及位置着手；而两幅的挂画则根据画面内容的连贯性来挂放。

d. 落地式的装饰画

除了在墙面上挂放，也可以选择落地的方式放置装饰画。对于小空间，在墙面空间已经饱和的情况下，将装饰画直接放置在桌面上，或者某个空置的墙角，可以让空间利用最大化。而对于大空间，随性地将画作摆放在靠墙的地面，就可以打造出自由不羁的 ins 风之家。

图片来源：Rodolphe Parente

图片来源：Nikita Ryazhko 设计作品

图片来源：Irakli Zaria

第 5 步　照明方式及灯具选择

合理的照明方式能给 ins 风的家带来不同凡响的空间效果和舒适温馨的氛围。在灯具选择上，无论是线条简约、强调艺术感的设计师款灯具，还是精致的床头灯、温暖低调的小串灯，通过合理的搭配，都能营造出情调满满的 ins 风氛围。

1. 照明方式

（1）无主灯照明

无主灯照明是 ins 风空间常用的照明方式，这种照明形式弱化了灯本身的存在感，让人更多地关注被照亮的空间和空间里的主角。它摒弃了传统空间中一盏灯照亮整个空间的照明形式，改为区域重点照明。这种照明形式也能更好地营造 ins 风之家舒适温暖的氛围。

无主灯照明的主要灯具为筒灯和射灯，辅助灯有线性灯，如灯带、磁吸灯。为了不让灯具裸露在外，通常需要大面积吊平顶来隐藏灯具，一般会压低 10cm 左右的层高。

图片来源：Nina Maya

灯具色温选择： 色温是表示光源光色的尺度，单位为开尔文（K）。色温越低，光色越偏红；色温越高，光色越偏蓝。

ins 风空间照明常用的多为 3000K、3500K 等比较中性的色温，更适合日常居家生活。偏休闲的空间内可以选择偏暖色温（即低色温），学习工作的空间内可以选白色色温（即中色温）。一般家居空间的常用色温在 3000 ~ 5000K 就足够了。统一、均衡的色温会使空间显得更高级，所以，空间里的色温区间不要过于跳跃，这样可以令空间更加和谐统一，也会令居住者的心理状态更平静。

图片来源：Notoo Studio

图片来源：云端上的艺术居所，深朴悦设计 + 元禾大千

（2）多光源照明

ins 风空间里的光源是非常自由的，不局限于有没有主灯和大灯，常运用分散的光源营造轻盈柔和的氛围，让人待在空间里更轻松舒适，视觉感也更丰富。

图片来源：元禾大千

图片来源：Notoo Studio

多光源照明可以形成错落有致、不同维度的灯光效果，ins 风空间常会运用顶灯、台灯、落地灯、壁灯或灯带等多个光源共同烘托氛围，形成全方位的照明效果。例如在餐厅的餐桌、吧台区域选择高低错落的吊灯，地面踢脚线位置搭配发光灯带，营造出灯光的错落感，让灯带变成和煦温暖的间接照明，既补充了主灯的灯光，又让空间氤氲在一派柔和的光线中。

（3）主灯加氛围灯

这种照明形式可做局部吊顶，能保证空间的层高，一般在重要区域如餐厅、客厅运用主灯，在其他需要点亮的局部墙面、挂画或窗帘、书架等处则可增加射灯或灯带来局部照亮，渲染氛围。主灯加氛围灯的照明形式更加灵活，也让空间更富有趣味性，非常适合营造 ins 风空间的高格调和仪式感。

图片来源：Noloo Studio

小提示

在进行空间的灯光设计之前，最好提前分析每个空间的照明需求，确定每个房间和具体位置需要哪种光，再选择相应的照明方式，这样就可以对空间的灯光设计进行合理布局。

（4）可调节照明

灵活多变的可调节照明也是 ins 风空间常用的照明方式。这种照明形式的灯具可以随着照明的需求在空间里自由"走动"。也可以配合室内造景的需要，在空间里摆上散落的蜡烛灯或落地灯，或者运用可调节的台灯打造工作空间。

图片来源：北京郑长奇空间设计有限公司

2. 经典灯具选择

种类丰富、造型各异的灯饰是空间里的点睛之笔，不同造型的灯具适用于不同调性的 ins 风空间。选择契合空间格调、满足功能需求又精致养眼的灯饰，即可打造出仪式感满满的 ins 风之家。

（1）艺术感造型的灯具

这类灯具更适合运用于具有时尚艺术风格或色彩浓郁的未来感的 ins 风之家。艺术感造型的灯具更易于打造 ins 风空间的高级格调和仪式感。既具有照明功能，又是空间里独特的艺术品，搭配与之契合的家居配饰就是空间里的一道靓丽风景。在 ins 风空间里，灯具的概念往往被淡化，空间氛围的营造反而更为重要。具有雕塑感或结构美感的灯饰造型，温情柔和的灯光氛围，都能很好地体现 ins 风精致时尚的空间格调。

图片来源：G&K 桂睿诗设计

右图这款圆形灯具，像一轮月亮，散发着温柔的灯光，给空间增添了神秘气息。

图片来源：方黄（设计）集团

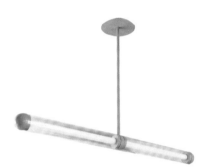

图片来源：2LG Studio

上图这种胶囊造型吊灯的色彩和造型都散发着迷人的魅力，很适合追求低调但独特的人群。

下图的 flo lamps 系列是灯具艺术化的极致体现。

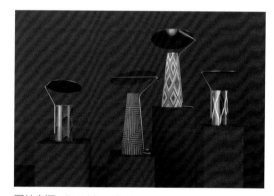

图片来源：Ihor Havrylenko

图片来源：Trueing

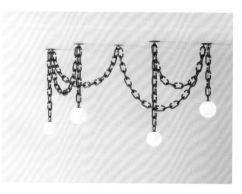

如左图所示的灯具则像是叛逆的年轻人，打破了灯具和艺术品的界限，更适合追求特立独行的个性化 ins 风空间。

（2）自然形态的灯具

自然形态的灯具即拟物造型的灯具，通过对自然形态的抽象处理，将灯具造型与自然形态相结合，打造出迎合空间主题的灯具设计。它们往往运用特殊的材质打造出设计感极强的造型，比如云朵造型的金属网灯、缎带造型的木皮灯具、泡泡造型的玻璃灯具等，轻盈柔和的质感给空间带来几分诗意，具有想象力的唯美形态更适合打造 ins 风空间里精致浪漫的主题性角落，形成空间里独特的风景。

图片来源：Angelica Chernenko

图片来源：Notoo Studio

这种染色木皮卷曲吊灯散发出十分柔和的光线，唯美的缎带造型有着典雅的气质，适合营造复古或浪漫倾向的 ins 风空间。

图片来源：LZF-Lamps，Agatha Large

（3）几何造型灯具

几何造型的灯具更强调整体造型的均衡感和点线面的结构感，同时也要与空间里的造型，比如拱形、圆弧结构等相互呼应，让空间的整体格调更为统一。这类灯具通常拥有面块造型的结构，并运用可以透光的孔洞纹理材质，制造出丰富的光影效果。

图片来源：岳蒙设计

这款几何造型金属吊灯利用圆弧形、拱形的半透明金属穿插组合，打造出了既具有造型感又轻盈的灯光效果。

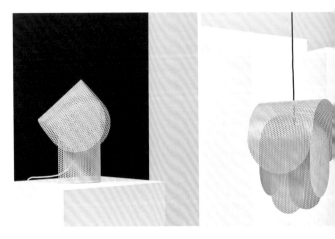

图片来源：FREDERIK KURZWEG DESIGN STUDIO

图片来源：Mint Bliss Décor

这款极具线条感的灯具，完美的弧线和极简的线条十分契合 ins 风的简约时尚格调，丰富的灯饰色彩也给不同色调的空间提供了多样选择。

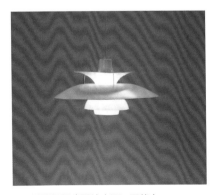

PH 系列灯具（图片来源：网络）

丹麦设计师保尔·汉宁森设计的 PH 系列灯具则是经典的款式，像盘子、碗、杯器皿叠级的灯具将光线逐层折射，柔和又稳定。

（4）镜前装饰灯

镜前装饰灯是致敬 20 世纪剧院的后台化妆灯，并结合具有现代感几何造型的落地灯或化妆镜灯，充满时代感和复古格调，也是 ins 风空间常用的装饰灯。多用于镜面装饰，适合打造具有戏剧感的浪漫主题角落。

图片来源：蒙岳设计

图片来源：GBD 设计

意大利建筑设计师埃托·索特萨斯（Ettore Sottsass）设计的这款镜前灯是镜子和灯具结合的经典，俏皮的造型如同舞动的少女，又带点复古的味道，非常适合追求浪漫格调的精致女性。

图片来源：埃托·索特萨斯的 Ultrafragola Mirror Prod. 镜前灯

第6步　绿植与花器选择

　　葱郁的植物是装点家居最常用的元素，给个性时尚的 ins 风之家增添生机勃勃的自然气息，让空间更显得平易近人。喜爱清新自然格调 ins 风的人们可以将一些代表性的绿植进行有心机地搭配，打造清新宜人的家居氛围。大型绿植适合打造空间中的景观中心，小盆栽可以作为点缀，配合家具艺术单品起到柔化空间的作用。

图片来源：SENSE HOME 尚舍生活设计

1. 热门植物选择

（1）散尾葵

　　散尾葵和各种油润的大叶植物画风迥异，细碎、修长的叶片有些许竹叶之感，显得清秀脱俗，其秀美的株形和耐阴的特征更适宜放在客厅或书房、卧室一角。大型散尾葵绿意融融的修长叶片搭配复古风情的地毯，再配上一把舒适的羊毛或皮革单椅，瞬间打造出悠闲舒适的度假风情。

图片来源：味宫旗舰店

（2）龟背竹

　　龟背竹以耐阴、耐潮著称，造型别致，叶片中的孔眼有虚有实很像龟背，是摆造型的一把好手。独特的造型让它成为 ins 风空间装饰的宠儿，摆放在家中颇显热带风情。大株龟背竹摆在公共区域自成一道风景，随便摘几片叶子插瓶水培也很别致。

图片来源：秀舍设计

（3）琴叶榕

　　琴叶榕又名琴叶橡皮树，因叶子前端膨大呈提琴形状而得名。将其放置在落地窗前的躺椅边是经典的摆放方式，窗边刺眼的光线被小提琴一般的叶片遮挡而变得柔和，正适合午间捧书小憩。

图片来源：Winter McDermott

（4）鹤望兰

如果空间足够大，可以摆一盆霸气的鹤望兰，一秒钟切换到度假风格。生长到一定阶段的鹤望兰，叶子会自然产生裂口，带来生动的动态感，给空间增添一些活泼的小心机。

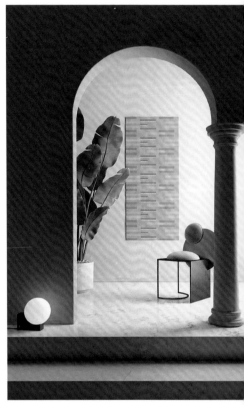

图片来源：Notoo Studio

（5）橡皮树

橡皮树叶大光亮，四季常青，喜阳耐阴，对光线适应性强，且有净化空气的作用，极适合用于室内装饰。摆放在客厅或书房，其光亮且厚的叶片与颜色偏深沉的黑胡桃木家具更搭调。外形挺拔，富有生命力，可任它沿着墙壁自由生长。偏黑棕色的橡皮树叫黑金刚橡皮树，更有深沉的气质，稀疏的造型更有线条感，适合摆放在书房或思考的角落。

图片来源：WE Architects

2. 花器的选择

除了绿植，花器也是点缀 ins 风空间的小能手。选择貌美的花器搭配能更胜一筹！如果用心搭配，一只普普通通的玻璃瓶也能完成逆袭，营造出独特自然的格调，成为空间里的点睛之笔。

（1）混凝土花器

混凝土花器一直是 ins 风设计的明星单品，混凝土自带的清冷气质在绿色植物的映衬下低调又质朴，自带高级美感。素雅的清水混凝土很好地衬托出绿色植物的生机，且易于和任何一种色系的空间相融合，非常百搭，在 ins 风空间里出镜率很高。

图片来源：七茉家居

（2）带支架的花器

带支架的花器更像是一件艺术品，高挑的设计让绿植摇身一变成为空间的主角。支架材质有木制、金属、有色的玻璃纤维等多种选择，造型也丰富多样。几何形状的架构搭配陶瓷或金属材质的容器，像是给了植物一个舞台，高低错落的造型也丰富了空间的视觉层次。

图片来源：彩华家居　　　图片来源：钦福

（3）陶器花器

这类花器最为传统和经典，略微粗糙的质地带有手工时代的质朴美，适合与有复古或自然倾向的 ins 风空间搭配，自然的质感与空间里的实木家具和编织材质完美呼应。

（4）编织类花器

这类自然质感的花器材质可以分成两种：一种是用陶瓷材料模拟的织物感花器，一种是天然材质编织的花器。配合虎尾兰等叶片突出的植物，在电视墙或阳台一角高低错落地随意摆放，即可营造出在家度假的悠闲氛围。

图片来源：Essence

图片来源：柳点生活旗舰店

图片来源：森泰园艺

（5）小型花器

　　小型的盆栽容器十分多样，可以选择具有设计感的折叠型陶瓷花器，也可以选择编织、牛仔棉麻、玻璃瓶等可回收材料制作的花器，摆放在书架、厨房、桌角或窗台，它们都可以制造空间里小小的惊喜。

图片来源：INNOI Design　　　　　　　　　图片来源：SENSE HOME 尚舍生活设计

第 4 章

空间设计指导：
爱住 ins 风的家

ins 风的家，在提倡自我主张的生活理念下，延展出特色各异的多元样貌。它可时尚个性，可清新雅致，可优雅优美，也可独特复古，每一种样貌都闪耀着屋主特立独行的个性，表达了对千篇一律都市生活中自由个性生活理念的追求。

缤纷糖果色系的家
烂漫马卡龙色系的艺术之家

▶ **设计单位：** DESIO 大铄设计

▶ **设计师：** 邱轶雯、章力、朱文康

▶ **陈设设计：** 缪亚平、梅琴琴

▶ **项目面积：** 60 m²

业主画像

业主年龄：90后

业主职业：平面设计师

居住成员：年轻女性

兴趣爱好：画画、摄影

生活方式：看电影、喝下午茶、看书

设计需求

本案是一个 60 m² 的 LOFT 结构，客群定位为当下的时尚青年群体，既要在有限的空间里满足基本的功能需求，也不能让空间的个性及艺术品质打折扣。希望在这个小房子里遇见生活的温度和对艺术的追求，此心安处是吾家！

浪漫马卡龙色系，构筑柔美舒适的生活场域

整体空间运用了烂漫柔美的马卡龙色系营造清新浪漫的氛围，以白色、浅木色和雾霾蓝色为基调，再运用深浅不一的蒂芙尼蓝色及雾霾蓝色层层递进，点缀脏粉色。设计师在以白色为主色调的每组色彩配比中，结合每个空间的功能性质，促使同一色系之间的不同色阶平衡过渡。而大面积落地窗的设计，为室内引入了诗意浪漫的自然光景，与空间简洁流畅的布局结构，共同构成柔美舒适的生活场域。

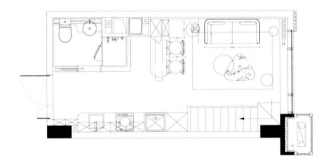

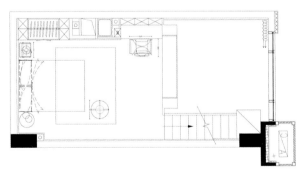

流行元素及色块，引领个性时尚居住理念

在整体清新明媚的色调基础上，设计师融入年轻人喜爱的流行元素和家具单品，比如线条流畅的造型沙发、圆凳、茶几，以及仙人掌抱枕，沙发背后色彩绚丽的大幅装饰画尤其出彩，成为整个空间的主角。在沙发背景墙的处理上也运用了当下流行的隔栅阵列设计，这些竖条纹营造的韵律感让整面墙的蓝色不显得单调。色彩柔和的几何色块拼接地毯也是当下流行的元素，地毯上的色彩恰好与空间里的各种色彩形成呼应。这些流行色彩和时尚元素的运用正好符合当下年轻人时尚个性的居住理念。

浪漫马卡龙色系搭配个性元素，演绎精致仪式感

餐厅同样延续了浪漫的马卡龙色系，蓝色、粉色、白色混搭的色彩基调与金属元素、球体灯饰、弧形个性桌椅、精美器皿所渲染的甜美情绪，完美演绎了一位都市青年于烦琐生活中所追寻的精致而治愈的心灵乐园。而极白的厨房区域，在小巧、灵动的装置艺术与活泼的色彩点缀下，呈现出高级精致的仪式感。

温暖巧思，捕捉生活意蕴

　　二层是单钥匙 LOFT 的卧室区域，空间依旧延续简约清新的精致格调。为了弱化封闭空间带来的压迫感，设计师特意在二层卧室的书桌区域留出了一扇飘窗，保证了二楼空间的通风采光，也与一层的落地窗相呼应。这个温暖的设计心思巧妙解决了室内的采光，也打开了不一样的视觉感知，为空间捕捉到一丝生活意蕴。当夜幕降临时，从飘窗望出去，一楼挑高客厅里造型精致的灯饰显得璀璨异常，也成为二楼卧室的一抹浪漫装饰。

灵活的收纳设计，满足功能需求

　　在卧室布局上，则通过隐藏的衣柜壁龛、高低错落的台面、休闲阅读区墙面上的收藏展架，赋予空间轻盈的美学，从而利用 30 m² 的有限面积，最大限度地满足业主对空间的功能需求，并在方寸之间依然优雅地兼顾生活与艺术。

孟菲斯的色彩王国
动物园边上的房子

▶**设计师：**德维卡蒂

▶**项目地点：**莫斯科

▶**项目面积：**60 m²

▶**空间格局：**两室两厅

▶**主要材料：**乳胶漆、红砖、铁艺、原木、地砖、花砖

业主年龄：85后

业主职业：画家、自由职业者

居住成员：夫妇、男孩

兴趣爱好：画画、读书、弹吉他

生活方式：园艺、朋友聚会、享受美食

在这套面积不大的公寓里，除了满足三口之家的生活需求之外，主人希望空间中留有更多余地，可供自己和小朋友自由发挥，灵活转换生活方式。空间里要有生动的色彩和艺术氛围，带来更多想象的余地。

充满活力和趣味的城市公寓

这套房子是一个阳光宜人的都市公寓，像所有城市住宅一样，空间面积有限。公寓内部包括一个开放式的社交区，将厨房、餐厅和客厅区融为一体，并设置了小主卧室、儿童房和一个漂亮的瓷砖浴室等私人领域。设计师运用各种纹理元素、欢快的色彩和造型奇特的现代家具给营造出丰富有趣的氛围感。并以当代框架窗来展示城市风光，与充满活力和趣味的室内装饰完美融合。

靠窗布置静态动线

　　公寓的家庭活动区融合了客厅和开放式的餐厨区域。小巧的客厅中，全景式的窗户给整个公共活动区带来充足的光照和都市风景，让空间显得更开阔。窗台还巧妙融合了悬挂式的绿植种植区和小小的书桌，窗户一端安排了附着在墙体上的小巧办公桌，另一端是小型的餐桌。在靠窗的位置，不论是工作、学习还是用餐、眺望风景，都是一件美妙的事情！

孟菲斯的色彩幻想

设计师以流行的孟菲斯风格来打造空间的趣味性，运用大胆的色彩、丰富的纹理和图案将空间交织在一起，并以体块关系及几何拼接的形式达到艺术化的装饰效果。再融入个性化的家具单品，以黑白条纹或几何图案元素穿插其中，强调空间的装饰性，形成独树一帜的空间格调。对于这种风格的空间，设计师要对每种色彩的运用比例和尺度事先进行精准的计划和设计，否则空间视觉上会显得凌乱。

色彩和造型形成戏剧冲突

由于公寓面积不大，设计师运用了色彩和色块来区分空间。整体空间的基础色都运用了非饱和色彩，再以少量鲜艳的独立色彩点缀。比如客厅粉色的墙面搭配明蓝色的椅子，薄荷绿色的墙面搭配红色柜子。不饱和的底色搭配鲜艳的纯色，形成对比色和撞色的跳跃。同时，空间里的每个家具单品都非常注重设计感和装饰感，在空间内形成色彩和造型的戏剧冲突，再以黑白的几何图案来中和、调节各种色彩的比例关系。

艺术感的色彩和家具，打造视觉焦点

客厅区域以动态的色彩、图案和不同质感的材料构筑，每件家具都具有引人入胜的造型、闪亮的表面和颜色。大面积灰色的中性色调和了柔和的薄荷绿色调笼罩的整个空间，为整个公寓中蓝色、红色和绿色、黑白斑纹的家具及布艺的醒目色彩提供了纯净的背景基调。而造型独特的时尚家具和形态各异的灯具也为空间增添了不寻常的动感和艺术氛围。定制的厨房配置保持简洁、轻巧，并打造了不寻常的视觉焦点，设计师将触角张扬的绿色芦荟植入厨房岛结构中，令空间在简洁平静中平添了一丝野性的触感。

清爽材质，延伸视觉感

　　浴室空间以时尚的几何元素瓷砖和材料质感突显了时尚的装饰风格，墙裙上的黑白几何图案瓷砖一直延伸到地板，形成空间的视觉延伸和包裹感，并与淋浴区的粉色矩形瓷砖形成冷暖的对比，让空间显得不太冷硬，配合铁艺边框的镜子和白色柜体，使整个空间显得清爽干净又有温度感。

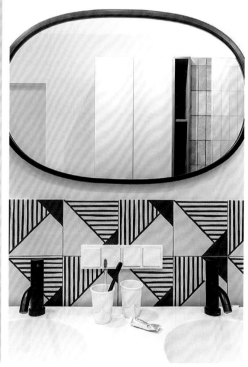

可随心转换的留白空间

孩子的房间以灰白色为基调，墙面以有粗粝感的粉色砖和明黄色打破平静感。整个空间里没有过多的布置，只在窗台设置了地台，供小朋友学习和玩耍，靠墙区域放置了铁艺高层床，床底下的空间形成一个独立的小角落，让孩子可以自由发挥。在这里，可以读书、弹吉他或是和伙伴一起游戏，随意切换游戏场域。

未尽的梦
爱丽丝梦游仙境

▶ **硬装设计：** 上海柯翊建筑设计有限公司
▶ **软装设计：** 上海大朴室内设计有限公司
▶ **项目面积：** 112 m²
▶ **设计团队：** 周晟、汤伟杰、沈伦慧、邱雅萍
▶ **主要材料：** 艺术玻璃、大理石、木饰面、墙布

业主画像

业主年龄：90 后

业主职业：插画师、金融行业

居住成员：年轻夫妇、儿女

兴趣爱好：画画、读书、玩游戏

生活方式：注重生活的仪式感，与朋友聚会、逛展览

设计需求

本案为小户型设计，业主定位为热爱生活的都市年轻人。他们工作繁忙，但对生活一点也不将就，希望自己的家充满仪式感，随处都有可以发呆、读书、供大小朋友玩游戏、聚会的小角落。舒适感是一定要有的，同时还要给自己的个性发挥留够余地。

设计主题

每个女孩子心里都住着一个爱丽丝，希望自己有一天掉进兔子洞，遇到一个疯疯癫癫但聪明可爱的"疯帽子"，一只睿智神秘、随时随地给人惊喜的"柴郡猫"，美丽善良、无条件帮助、鼓励自己的"白皇后"，美妙迷人似天堂，处处是魔法的后花园。

冷暖色调，营造舒适个性居所

　　由于业主定位为热爱生活的年轻一族，设计师大胆运用符合年轻人风格的色彩配置，以不同的冷暖色调融入空间，让空间充满韵律和节奏感，再以整体舒适又具有个性的家具和配饰元素打造出一个色彩丰富的时尚居所。

爱丽丝的色彩梦境

　　客厅临窗位置特别设计了可以晒太阳、看风景的地台，一角坐着一只温顺善良的白色瓷兔子，瞬间将空间带入爱丽丝的童趣梦幻世界，延续了整体空间的设计主题。同时，这块地台也是小朋友玩游戏或女主人发呆、幻想的小角落。空间里大块面几何形状的橙色、酒红色与蓝色背景色块交汇融合，赋予空间暖意的同时又显得时尚感十足。方形的壁画组合、蓝灰色的布艺沙发与地毯交织出温暖舒适的氛围。餐厅中大小不一的白色、蓝色与金属色球体装置由壁挂延续到餐桌，搭配有弧度的线形灯饰和简洁、不规则的餐桌椅，无不透露着主人考究的生活态度和浓厚的仪式感。

故事设计打造童趣空间

卧室蓝色系的色调与客厅一致，以清冷的蓝色、灰色为主色调，柔软的灰色布艺与背景的几何造型打造出独特的空间质感，桌面的雕塑诉说着对美学的思考……区别于蓝色系的套房，灰粉色系的房间则呈现出另一种柔美的姿态。椭圆形的镜面带入了"爱丽丝梦境"，不规则的灰粉色沙发以俏皮的形象呈现，以白色为主色的格子地毯上点缀的黑色，如同梦境闯入者留下的脚印，芦苇是拥有神奇力量的魔法棒。每一件软饰的摆放都倾注了设计者的精巧构思，这些充满童趣的元素将整个空间串联成线，完成一个梦幻的童话讲述。

延续的梦境

卧室为灰色系，设计师以整体的灰色系墙面和木地板，以及灰色系的大面原木柜体包裹空间，赋予其简洁的色彩基调。原木的肌理打造出内敛的暖意，再运用弧线形的软装元素软化空间的硬朗感。灰色床头背景以白色字体点缀，犹如施了魔法的数学方程式，简洁的弧线像是随意刻画的，以延续梦境。相邻的另一间灰色套卧里，白色圆形绒地毯上的弧形"可移动建筑"，是小兔子的休憩之所。

浪漫梦幻粉色
茱萸粉色调和的艺术心灵居所

▶**项目名称：**哈尔滨中海天誉精装修样板间

▶**设计公司：**Yan Design 大研设计

▶**业主机构：**哈尔滨中海地产有限公司

▶**项目面积：**138 m^2

▶**空间格局：**三室两厅

▶**摄影：**本末堂

▶**主要材质：**岩板、天然大理石、木饰面、镀钛不锈钢、皮革、壁布

业主画像

业主年龄：90后

业主职业：服装设计师、公司高管

居住成员：年轻夫妇、男孩

兴趣爱好：玩游戏、收藏、打篮球

生活方式：异国旅行，看艺术展、服装展

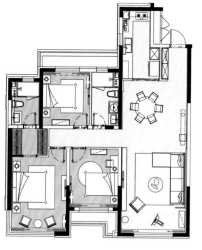

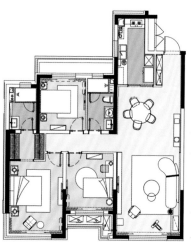

设计需求

家的木质就是能真正让你感觉温馨的地方，一个在忙碌世界之外属于自己的心灵居所。在喧嚣与忙碌生活包围下的现代都市精英，希望寻找一个安静闲适、可以放松自我的精神空间，同时也要兼具高品质和独特、个性的生活体验，希望自己的家既浪漫又能融入时尚流行的抽象视觉符号。

抽象元素和艺术品，打造精致浪漫高级感

本案中，设计师将原本复杂的装饰墙面极简化，同时融入抽象的设计元素和艺术品，以及柔和的马卡龙色系和温暖的材质，再以装饰手法达到视觉上的愉悦和美感。并将茱萸粉色以散点状融入各个空间中，搭配有趣的饰品、精致的材质，让整个空间散发着精致、时尚的高级和浪漫气息。

纯净材质搭配抽象艺术符号，营造纯净迷人的艺术气息

客餐厅南北通透，整个空间里以不同的材质导入梦幻的粉色，贯穿于客餐厅的不同块面。白色的大理石纹理岩板，有序列感的沙发背景，白色与粉色拼接的皮革沙发，素雅的木饰面等材质穿行其中，而散落的金属光泽则以线条的形式点缀其中，给整体纯净的空间增添了些许精致和高级感。纯粹明媚的色彩自带时尚感，令空间的视觉感更显协调、平衡。自由摆放的抽象装饰画和艺术品令空间更具个性化和艺术气息，也彰显出主人崇尚自由、时尚的生活理念。

主题性设计，赋予空间满满活力

儿童房以篮球为主题，那是每个少年青春期永恒的热血因子，樱木花道对于梦想的坚持与热爱极具感染力。设计师以蓝色和橙色为主色调，赋予空间无限活力，床头的篮筐装置让空间气氛更加活跃。主题性的设计，给予小主人活力满满的梦想。兴趣和环境是小孩成长中的护花使者，所有奇妙的记忆都会伴随成长在此产生。

都市里的艺术心灵居所

华侨城滁州欢乐明湖·源庭样板间

▶ **设计公司：**上海飞视设计

▶ **设计总监：**张力

▶ **项目面积：**108 m²

▶ **摄影：**三像摄

▶ **主要材料：**雅伯灰大理石、雅士白大理石、木饰面、秋香色烤漆板、
　　　　　　　瓦楞镜、长虹玻璃等

业主画像

业主年龄：90后

业主职业：服装设计师、编剧

居住成员：年轻夫妇、女儿

兴趣爱好：看电影、画画、插花

生活方式：旅行、看展、看音乐剧

设计需求

本案定位为年轻时尚　族的度假居所，在设计主题和元素上可以自由发挥，只为满足主人日常休闲和度假的幸福小心思，让回家变成回归自然的旅行。主人希望能远离城市的喧闹，在这里独享轻松惬意、舒适治愈的休闲时光，把这片天地作为都市里的一片浪漫纯净的心灵居所。

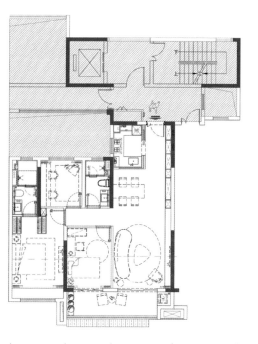

繁华褪尽，艺术彰显

设计师摒弃姹紫嫣红的艳丽，只以低调、柔和的淡漠裸色来装饰空间。简约雅致的时尚气息如春风扑面，给屋主带来舒适的视觉感和精神上的慰藉。多样化的材质交叠，令整个空间呈现出淡淡的高雅华丽气息。在客餐厅运用了艺术关系来处理空间，让艺术品陈列与理性的空间产生视觉上的矛盾冲突，赋予空间灵魂。同时，设计师运用加法和减法的概念作为空间规划的依据，将空间缺点转化为优势，利用轻盈的玻璃隔断增加了空间的灵活度及通透性。

曲线元素，打造时尚优雅的仪式感

　　设计师运用了流行的拱形元素，并在各个空间里都延续了这一元素，比如客厅的艺术装饰画、造型优雅的吊灯，以及糖果粉的餐椅。在书房及儿童房的书架、柜体造型门也同样运用了优雅的拱形元素，搭配拱形的椅子靠背，在整个空间内形成视觉符号的呼应，给空间带来优雅又时尚的轻奢韵味。再融合浪漫甜美的马卡龙色系以及有装饰感的艺术品和配饰元素，营造出浓郁的仪式感和主题性，让年轻主人即使待在家里，也有种置身网红打卡地的惊喜感。

马卡龙与孟菲斯的奇特融合

　　为配合整体空间的基调，每个空间都以灰色和白色为背景色，并重复运用马卡龙色系，比如蒂芙尼蓝色、脏粉色等，让整体空间显得浪漫柔美又纯净。再点缀金色的艺术感灯饰、淡漠柔和的裸色花艺、生动有趣的艺术摆件、黑白格纹的布艺和黑白抽象画框，中和了空间的甜美气息，给空间注入一抹清新的艺术氛围和精致感。让整体空间既有马卡龙色系的甜美，又融入了孟菲斯的艺术感。

《魔女宅急便》的艺术幻想

儿童房以宫崎骏的经典电影作品《魔女宅急便》为主题，在彩虹花朵造型的床头上方结合了骑扫帚的小女巫和白猫的造型，粉色写字台上方也融入了骑扫帚送快递的黑猫造型，配合台面上的照片贴板，恰好和空间主题完美融合。而旁边白色的书柜，也融入了蓝色拱形格门，柜门上细描着故事主题，仿佛是小巫女的白色城堡。配合灵动有趣的艺术配饰，极大地满足了小主人天马行空的幻想，让小朋友在这方纯净可人的天地里自在飞行。

自由与艺术的理想宅
伴随音乐起舞

▶ **设计公司：** 旭辉·石家庄中睿府 LOFT 样板间

▶ **设计师：** 王少青、史林林、杨贵钧、倪思婕、宋磊等

▶ **项目面积：** 50 m²

▶ **空间格局：** 一室一厅 LOFT 结构

业主年龄：90 后

业主职业：独立音乐人

居住成员：女主人

兴趣爱好：音乐、绘画

生活方式：听歌剧，喝咖啡、下午茶，逗猫

设计需求

这是一个独立音乐人的公寓，屋主希望整个房子拥有简单随性、自由惬意的氛围。在这个不大的空间里，可以和友人们一起喝咖啡、谈音乐、演奏、和猫咪玩耍，享受午后的温暖阳光。希望空间里透着生活的精致与品位，拥有流动的线条与简洁的结构，让音律构成的线条与空间交融穿插，让这个房子成为自己温暖且个性的艺术理想宅。

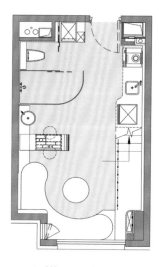
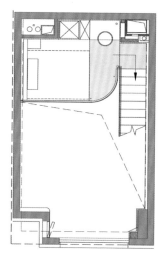

粉色搭配黑白色系，营造精致纯粹艺术小宅

由于空间面积的限制，设计师以白色为空间基调，辅以鲜明的黑色几何线条元素，给人强烈的视觉冲击，再融入金色的灯具配饰点缀，让空间显得干净利落又高级。同时，客厅和二楼卧室都运用了带有彩虹感的网红装饰镜，沙发上造型各异的粉色系靠枕给空间添加了一抹柔美，也调和了整体黑白金的冷冽色调，粉色的点缀让整体空间不过于单调，也给空间带来一分女性的温柔和精致。

流线型动线，打造通透灵活小空间

针对空间的 LOFT 结构，设计师为了体现空间的通透感，运用了很多弧形的造型。并将沙发和墙面特别设计成圆角，在墙面造型和艺术装置上也用了弧形的镜子，还有弧形的吧台、圆形的沙发、弧形的透明卫生间。楼梯底下灵活设计的小型开放式厨房，以及底下的柜体也以流畅的圆角处理，和上面的弧形铁艺栏杆相互呼应。这些流线型的造型让小小的空间显得更流畅、通透，动线感也更强。转至二楼，是一体化的床和超大衣柜，还特别预留出一个小小的角落，既作为化妆间，又可作为临时的工作台。

音乐元素演绎时尚艺术氛围

　　在整体空间里，设计师运用了几何关系的处理方式，通过墙面丰富的几何线条让空间具有强烈的符号感和艺术感。比如 LOFT 的挑高吊顶及玻璃护栏都运用了弧形的圆角处理，电视墙投影位置的弧形几何线条和延伸至楼梯的波浪状声波线条，正好与线条流畅的几何铁艺栏杆完美融合，构成一幅虚实相映的有趣画面，让空间里形成趣味性的几何分割关系。客厅书柜的转角处理也运用了弧形的设计，书柜即使不放书，本身也是带有几何图案的装饰构架。这些几何元素错落有序地融合于空间各处，给整个房子增添了浓厚的艺术氛围和趣味性。同时，几何线条也是音乐元素的抽象演绎，让空间的整体格调和业主定位完美契合，也给空间带来女性的柔美、时尚和冷静感。

轻盈光感材质，打造纯净个性 LOFT 空间

大面积的落地窗将光影自然地漫进空间，将浓浓暖意带到家里的每个角落，光影成为家中美好的景色。光影与地面和部分台面、墙裙的白色水磨石材质相融合，让整个空间显得干净、通透又轻盈。石材细腻的纹理质感又让空间有了细微的层次感，让人置身其中感受到空间的细节和温度。同时，家具和灯饰也都运用了不同色调的玻璃或镜面、光洁的金属材质，隔断墙也多以通透的玻璃为主，这些轻盈光亮的材质让小空间拥有更开阔的视野，营造出一个纯净温暖且个性的理想 LOFT 空间。

舒适完美的格调小家
山茶

▶ **设计公司**：合肥飞墨设计

▶ **主设计师**：合肥飞墨设计团队

▶ **项目面积**：96 m²

▶ **空间格局**：两室两厅

▶ **主要材料**：木纹砖、灯笼砖、金属、乳胶漆等

业主画像

业主年龄：90后

业主职业：媒体行业

居住成员：年轻夫妇、女儿

兴趣爱好：看电影、做甜点

生活方式：热爱生活，和家人朋友一起享受美食

设计需求

女主人喜欢粉色，希望家里融合柔和的色彩，同时光线充足，空间通透，想要一个有格调又独一无二的家。由于原始户型有些许不足，希望通过设计来改善一家三口的生活方式。比如，原始厨房和玄关面积都不大；中间过道狭长，采光不好；一家三口留两间卧室即可。这些都是设计师需要解决的。

布局改造

合理的空间布局永远比空间数量重要，对于一些让人为难的鸡肋小空间，推翻重组才是最佳选择。设计师拆掉小厨房、小储物间、客厅过道和北次卧……看似随意简单的布局背后，是为主人打造舒适的居住氛围和整合功能性空间的深思熟虑。

① 拆掉小厨房，跟玄关合并，让空间更开阔，同时丰富功能，增加收纳空间。

② 拆除小储物间，与卫生间打通，让卫生间同时拥有淋浴、泡澡、双台盆的功能。

③ 扩大主卧面积，打造与衣帽间、休闲区合为一体的套房，让人住起来更舒适。

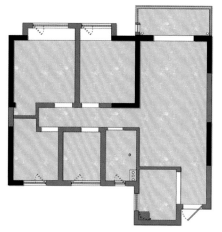

④ 次卧做了高低床，配上学习桌，并尽可能做了足够多的收纳空间。

⑤ 打通客厅和阳台，增强空间采光。

⑥ 为了规整空间，做了嵌入式设计，比如冰箱嵌入餐边柜。

⑦ 餐厅做成卡座，节省面积又增加收纳。

重新布局，扩展空间及功能性

　　设计师拆除了小厨房，将之与玄关结合，重新布局了空间，让主人拥有一个开阔的大容量玄关区域，同时解决了厨房小导致的功能不足问题。厨房处于入户处，买菜回来可直接将菜放下，动线更便捷。在玄关区域设计了翻斗鞋柜及顶天立地的大面积收纳柜，底部悬空设计了放鞋区，满足了主人拥有足够的收纳空间的需求。厨房与餐厅之间设计了嵌入式的隐藏门，让门洞打开角度最大化，厨房的采光问题也得到了解决。

脏粉色、白色与灰色搭配，营造温柔高级的入户区

入门的玄关处融入了女主人喜爱的粉色，并以脏粉色糅入部分墙面及矮柜，令整体白色和原木色的色调中透出温柔气息，再以灰色点缀，让入户区显得充满柔情，但高级感不减。配合墙面的灯笼砖、地面的鱼骨拼，精致至此，令人惊叹，一个家的格调从入户处便可见一斑。

恰到好处的色彩

　　客厅延续了玄关的配色，整体空间以高级灰色和白色为基调，并以不同色调的粉色融合到透明感的灰白中，两种色系完美融为一体。柜体、地毯、抱枕及挂画的不同灰度的粉色与墙面、地毯、沙发、挂画的灰色调形成丰富的明暗变化，无不彰显着空间主体，又无一处显得突兀。再以稳重的原木色地板稳定灰度带来的轻飘感的空间格调，让一切显得刚刚好。设计赋予空间的美好，大概便是功能与外观在空间中达到平衡。

精简装饰及造型，静享简单时光

在功能上，客厅以投影和幕布代替了电视机，免除了电视背景墙的视觉干扰，整片灰色墙面上空无一物，只以黑色的吊柜突显视觉的立体感，长条形的粉色悬空柜休上也尽量减少装饰物，只有一只黑色的造型玩偶吸引目光。整个空间的家具及装饰极力精简，布艺沙发、单椅及铁艺茶几都以最简洁的姿态呈现。当一家人坐在沙发上，静享观影时刻，完全不会受到视觉的干扰。简洁的吊顶以无主灯和灯带的设计，带来更简洁的视觉界面，散射式的灯光也给空间增添了醉人的温暖。

美好生活，尽在方寸之间

由于餐厅面积有限，刚好只能容纳一家三口就餐。设计师选用了占地面积小的卡座设计，可容纳多人就餐。即使空间有限，设计师也极力给业主打造了一个精致且有仪式感的就餐空间，小小的角落在色彩和家具选择上却颇为用心。餐桌的黄铜构架配合纯白色台面，墨绿色丝绒餐椅与黄铜构件完美结合，配合粉色和深灰色系的卡座，让整个角落显得精致又带有一丝复古情调，再以粉色的桌面雕塑和墙面上线条精炼的挂钟装点，打造出一个优雅精致的就餐空间。与家人围坐在一起，品酸甜苦辣，尝人生百味，时间不过就是墙面秒针与时针的交锋，而美好生活，也就在这方寸之间。

始于外观，忠于舒适

由于平时只有一家三口居住，两个卧室已经足够。考虑到空间的舒适性，设计师将空间局促且采光不足的北次卧，连同部分过道一起并入主卧，扩展为卧室、衣帽间、化妆台的套间设计，整合了大容量的收纳空间，也极大地提升了主人的生活品质。闲来无事时，可以在飘窗旁读书、喝茶，享受悠闲生活的美好瞬间。

一体化设计，给空间留有余地

儿童房的面积并不大，设计师通过对空间的合理规划，让儿童房可以同时满足睡觉、学习、玩游戏和收纳的需求。不大的空间里容纳了高低床、收纳衣柜和小书桌，并将窗边的衣柜和高低床做了一体化设计，衣柜上部靠二层床头位置还特意设计为镂空格，方便在上铺休息的小朋友放置和拿取物品。为补充衣柜收纳，高低床底下也做了抽屉，丝毫不浪费空间。简洁、规整的一体化设计，把空间更多地留给小朋友学习和玩游戏。

完美功能性，尽享度假体验

虽然整个房子空间不大，但在满足必要功能性的同时，业主也希望这个家舒适又有格调，让家真正成为心灵栖居的地方。为了增加卫生间的舒适度，设计师拆除了狭小的储物间，扩充卫生间面积，让开阔的卫生间极尽舒适，浴缸、淋浴房、双台盆一应俱全，让主人即使在家也拥有如同在度假别墅一般的私人享受。

精致纯净的轻法式小宅
奕色

▶ **设计公司：** 南京会筑设计

▶ **项目面积：** 85 m²

▶ **空间格局：** 两室两厅

▶ **主要材料：** 乳胶漆、瓷砖、地板、石膏线等

业主年龄：90后

业主职业：服装设计师、财务人员

居住成员：年轻夫妇

兴趣爱好：音乐、戏剧

生活方式：逛服装店、使用香薰冥想

设计需求

午轻的女主人喜欢高级时髦的空间格调，一点点复古加一点点精致浪漫，再配合纯净的光线和留白，一切显得刚刚好。男主人希望整个房子保持干净整洁的状态，为以后增加的功能性考虑，希望纳入更多的收纳空间，能收起所有的生活杂物。总之，这个小家既要有精致的美貌，又要具备完善的功能性。

细部调整，拓展收纳功能

　　原始户型结构比较规整，需要保留两个卧室，设计师没有做过多的平面改动。只是将原本主卧室的开门往南位移了大概 60 cm 的距离，让主卧室的衣柜长度因此延长了大概 90 cm，增加了主卧室的收纳空间。餐厅区域原本有一块凹进去的空间，使用率不高，设计师经过考虑将其与电视背景墙墙体拉平，设计了一个储藏间，方便业主集中收纳。此外，在餐厅的横向墙面也设计了整面墙的餐边柜，柜体竖向开口的设计刚好放入饮水机，将冰箱也完美融入其中，令整个客餐厅空间的格局更显干净利落。大面积的浅灰色柜体也正好充当餐厅背景墙，和精致的餐桌椅完美融合。

精减材质，演绎纯净精致的法式腔调

　　客厅整体以干净的石膏线墙面、蓝色与白色的主色调和精致的黄铜装饰，调和出高级的复古韵味，营造出精致浪漫的氛围感。墙面没有运用昂贵的装饰材料，仅仅采用石膏线条围边增加空间的层次感和精致度，精美的石膏灯盘装饰又使整个空间散发出法式独有的慵懒和高级，搭配简约灯具的黄铜元素和底下与之呼应的圆形黄铜层叠茶几，呈现出优雅的复古腔调。

大面积白色搭配宝石蓝色，营造优雅明媚的氛围感

　　客厅大面积白色的墙顶面没有过多的装饰造型，干净利落的空间里融入复古优雅的家具软装和低调轻奢的色彩氛围，让空间显得精致、干练又纯粹。以明亮艳丽的姜黄色搭毯搭配冷静、典雅的宝石蓝色丝绒沙发，诠释复古又优雅的别样风情。宝石蓝色是复古、贵气的象征，也散发着野性、优雅的气息，搭配纯净的白色，传达出明快清爽的空间格调。主沙发旁骑士蓝色的丝绒软包穿衣镜则成为空间的点睛之笔，幻化出另一个镜中世界，延展美好的空间想象。

大理石搭配黄铜元素，打造清新浪漫的餐厅空间

　　餐厅也延续了客厅优雅简洁的姿态，餐桌纯净的白色大理石台面与复古的黄铜底座碰撞，黄铜的精致平衡了白色大理石带来的冷感，同时黄铜蕴藏于心的独特魅力又增加了空间的优雅格调。带有细腻纹理的纯白色桌面与清新的柔蓝色丝绒餐椅完美融合，也形成材质上冷冽与柔和的碰撞。桌上灿烂的向日葵是光明之花，象征着美好希望，搭配香薰蜡烛，瞬间点亮了空间，也暗含着主人对有仪式感的精致生活的追求。

复古墨绿色与浪漫粉色，打造纯粹贵气的主卧空间

主卧运用了墨绿色作为空间的强调色，墨绿色的优雅复古感，带给空间沉稳、宁静的氛围。而白色的纯净明亮恰好打破了墨绿色的浓郁，让空间又多了一分明快质感。暗沉的墨绿色与浪漫粉色互补，两者搭配显得高级又耐看，亦如盛开的花朵，让空间焕发出甜美的生机，带给人舒适自然的高级感。床头柜上的黄铜装饰、悬吊的黄铜壁灯及柜体上的精致配件在材质上相互呼应，也给简洁的空间带来高级质感和精致的格调。

归真返璞
格调优雅的时尚之家

▶ **设计公司：** 南京会筑设计

▶ **项目面积：** 103 m²

▶ **空间格局：** 三室两厅

▶ **主要材料：** 乳胶漆、瓷砖、地板、黑板漆等

业主年龄：80后

业主职业：摄影师

居住成员：年轻夫妇、孩子

兴趣爱好：插花、摄影

生活方式：喜欢艺术品，追求文艺的生活气息

设计需求

屋主是一对有着有趣灵魂的年轻夫妇，有着对艺术的坚持。他们希望家中各个角落和细节都能融入自己的喜好和生活经历，空间里既有艺术气息，又有生活感。由此，设计师以简约时尚为主基调，同时将生活的精致与优雅注入空间，表达出业主对生活品位的追求。

储物与装饰功能兼具的悬挑式玄关

为了减轻过道空间的拥堵感，设计师特别设计了悬挑式的玄关，让主人拥有开阔的入户区。悬挑式的玄关柜方便主人进出门时将日常换的鞋子收纳到鞋柜抽屉下方，既整洁又方便。玄关柜留出了部分黑色的开放式柜体，不仅方便置物，黑色的层板还可以摆上装饰和绿植，给这个小空间增色不少。

创造灵活玻璃房客卧

设计师对整体的平面结构没有做过多的改动，在保证客餐厅空间的前提下，将储藏间的墙体外扩，改造成了一间客卧，为日后家中父母或客人的到访准备了临时的客房。由于客卧与玄关相连，设计师将客卧设计成了半开放式的玻璃房，增加了卧室的自然采光，也提升了玄关的视觉通透感。

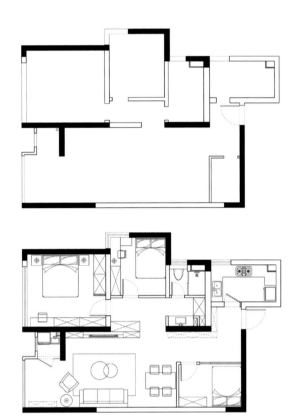

悬空电视柜，一体化设计规整空间

设计师将阳台空间纳入客厅，增加客厅使用面积的同时，也使得整个视野开阔了许多。运用了时下流行的无主灯照明，更突显层高。现场制作的电视柜柜体悬空，营造轻盈之感，削弱了大体块造成的视觉压迫感，也补充了客厅区域的收纳功能。无把手的设计让电视柜更具整体性。并将电视机直接嵌入柜体，让整个墙面显得浑然一体。

优雅复古色打破平静

　　客厅整体保持了纯粹的色彩，以优雅的灰色为主调，搭配纯净的白色。设计师亲自制作的大幅点缀橙色的挂画和黑色摇臂灯打破了灰色背景墙的单调。与之搭配的棕色复古色调皮质懒人沙发和墨绿色的单人沙发，作为深色出现，深浅搭配，避免客厅空间颜色过轻，让整体空间色彩更为和谐。沙发一侧的马尾铁线条感极强，也为空间增色不少。旁边的圆弧穿衣镜透光又引景，巧妙地将客厅与餐厅融入一个画面。隐隐可见的绿植与远处的插花清爽怡人，让这个家充满了活力与生机。

精致元素，营造温馨浪漫的就餐氛围

　　餐厅选用了原木色的餐桌和布艺靠背餐椅，营造温暖舒适的就餐体验。灰色和绿色的软包坐垫也与客厅的沙发颜色遥相呼应，体现空间的整体感。白色的插花、蜡烛营造出温馨浪漫的氛围，玫瑰金色的吊灯点缀其中，给餐厅平添一分时尚气息，同时也满足了主人对精致浪漫生活品质的追求。餐桌一侧的黑板墙则变身为可 DIY 的墙面背景装饰，为生活增添了许多乐趣。

优雅时髦色调

主卧延续了整体空间的灰白基调，软包的床头、床头柜、背景墙和窗帘都选择了灰色系，一以贯之的优雅。蓝色的床品与绿色的椅子作为点缀色，让空间显得更有质感。床头两侧分别运用了吊灯和壁灯，灯光形成呼应，让空间更具有层次感。在整体高级灰色的基调中融入灯饰的黄铜材质，让空间显得时髦又精致。床头的建筑装饰画增强了空间的线条感和深远意境。

大肚量收纳，满足功能性需求

在卧室空间充裕的前提下，设计师定制了整面墙的顶天立地式储物柜，收纳能力惊人，弥补了小衣柜的储藏缺陷。储物柜下方设计了部分敞开式结构，可以充当小书柜。床尾一侧的梳妆台也可"兼职"书桌，学习与化妆两不误。利用墙面空间设计了搁板，用来放置装饰品和香薰，增加了空间利用率，也满足了业主足够的储物需求。

兼具功能性与趣味性的童趣空间

次卧室作为儿童房，延续了主卧室的灰色背景墙，灰色墙面上云朵和房屋造型的置物架，营造出空间的童真和趣味性。床边一字形的长条书桌让小朋友拥有足够大的学习台面，书桌上方设置了层板可供收纳书籍。伸入书桌底下的矮柜充当了床头柜和学习收纳柜，实用又不占空间。床头上方的隐藏式灯带作为补充光源，让空间光照形式更灵活。床尾对面的墙面同样设计了窄窄的多层搁板，既可作照片墙，又可进行简单收纳。豆绿色椅子、蓝色窗帘的色彩点缀，让空间显得清新活泼。

干湿分区，便捷收纳

为方便主人生活起居，设计师打造了干湿分区型的卫生间。在干区设计了悬挑式的台面，便于日常的清洁打理。台面下方增设黑色搁板，敞开式的储物空间充当了浴室柜的角色。洗手池一侧的墙面上做出壁龛，取放物品非常顺手，更好地利用了空间，还能有效地防潮、防湿。干区还设计了悬空式的壁柜，可以收纳大量杂物，让空间视觉也更统一。

中古风的艺术画廊
复古时尚感的艺术之家

▶ **设计师：** MKCA

▶ **项目面积：** 260 m²

▶ **项目地点：** 美国纽约

▶ **摄影：** 布鲁克·霍尔姆

▶ **主要材料：** 大理石、黄铜、瓷砖、艺术涂料、艺术玻璃等

业主画像

业主年龄：85后

业主职业：公司高管，财经人士

居住成员：夫妇、儿女

兴趣爱好：艺术收藏、音乐

生活方式：喝咖啡、聚会

设计需求

这套房子是一个带庭院的老旧公寓，保留了老建筑的线条和墙面，并且空间层高比较高，这些特质符合画廊的特性，结合空间结构，设计师希望将它打造成一个有生活气息的艺术空间。房子的主人本身也热爱异国旅行，古老的东方和遥远的非洲国度均有涉足，同时爱好收藏一些古老的家具和艺术品。希望这个家在满足一家人的舒适生活和足够功能性的同时，能将业主心爱的收藏品有序地变成空间里的艺术展示，延续它们的生命力。

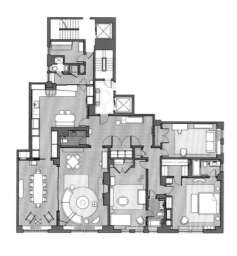

现代和复古交织的艺术画廊

　　由于原始空间有足够的层高，设计师保留了原建筑的基础，比如复古的线条和墙裙，再运用不同色彩粉刷，让空间产生历史的再造感。运用色彩融合让空间更具有艺术感和年代氛围，配合低奢风格的材质形成冲突感，带来美术展览馆的艺术气息。以黑白的基调搭配脏粉色，再点缀暗红色和蓝色的椅子，配合复古感的画框，营造出中古风的氛围，呈现文化和艺术交织的味道。设计师选用的每个单品都特别考究，这些单品本身就是艺术品，让空间呈现出传统和现代冲突的视觉美感。

现代和历史感元素，营造时空错位的趣味性

　　空间设计的重点是要最大限度地利用比例适当的原始空间，如宽敞的入口画廊、正式的起居室和餐厅。同时，将黑暗而拥挤的存储室和服务区域转变为实用的现代生活空间。由于原始空间布局非常细化，设计师着手扩大了走道开口以增加空间之间的流通。并选择了具有现代感和历史感的家具、配饰以及独特的艺术品，每件单品都带有不同地域的文化印记，比如非洲的挂件、条桌，以及包豪斯风格的板椅等，让它们在空间内产生古与今的对话，营造一种时空错位的趣味性。

纯净明亮的会客空间

　　设计师扩大了起居室和餐厅之间原本很小的门洞，并以黑色铁艺的玻璃滑门作为隔断，在两个空间之间形成宽敞的入口。面对入口的客厅区域是灰色玛瑙石材结合黄铜线条造型的简约壁炉，青铜壁炉架两侧是绿松石玻璃壁灯，壁炉上方是老式的丰塔纳艺术镜，结合浅蓝色的装饰和纯净的白色墙面，让这个区域显得纯粹、轻盈。壁炉两边的墙面上是对称的黄铜壁灯和底下不对称的挂画。会客区里由设计师特别设计的大型弧形定制沙发以来自马哈拉姆的亮蓝色合成纺织品包裹，搭配圆形的黄铜茶几和白色羊绒圆凳以及黄色的浅绒地毯，使得整个空间显得明媚又舒适。

轻盈基调里的复古韵味

　　餐厅以不饱和的粉色为基调，由来自洛杉矶的设计师亚历克斯·德鲁（Alex Drew）和 No One 设计的用高光泽漆面和钢、金箔材质打造的长 3.4 m 的超大定制餐桌稳定空间视觉感，形成整个空间的视觉中心。桌子周围是老式的乔·科隆博（Joe Colombo）酒红色和亮蓝色丝绒餐椅，搭配厚重的餐桌显得复古又时髦。靠窗边的是一对皮革柔软的铁艺休闲椅，家人可以早上坐在这里喝咖啡或是晚餐后阅读。

色彩反差，制造戏剧性效果

　　在入口画廊外面，设计师打造了一个化妆室和一个衣帽间。光亮的新化妆间位于一个前壁橱中，地板到天花板均铺有用希思陶瓷手工制作的金属黑色瓷砖，并设有一个浮动的定制控制台，运用了漆器和烟镜，让空间有种夜总会的生动俏皮氛围。相比之下，宽敞的新衣帽间拥有粉红色的内置烤漆衣柜，并以集成 LED 灯照明和火烈鸟壁纸，营造出阳光明媚和愉悦的氛围。衣帽间可供主人收纳婴儿推车、鞋子和大衣，并以细木工隔间做了不同的收纳区分。两个临近空间在色彩和格调上形成巨大的对比，营造出一种戏剧性的效果。

光感材质，补充照明

为了打造一个有窗户朝向庭院的光线充足的厨房，设计师运用了有强烈对比度的材料，漆木和漆黑的橡木餐具室连接餐厅和厨房，两旁以 Ann Sacks 品牌的高光泽三维瓷砖相衬，并以 Flat Vernacular 品牌的浅彩虹色覆盖墙面。设计师拆除了厨房的后壁，并以滑动的酸蚀玻璃隔板代替，隔板从入口处的窗户吸收周围的光线，让操作区拥有良好的采光。到了晚上，则以头顶的灯具照明，均匀的灯光将隔板照亮，补充了空间光源。

鸣谢

DESIO 大铄设计

"DESIO 大铄设计"一名的由来，是基于传达品质生活和美好体验的初衷，以"铄"为初心，以"大"去加持，立足本土，同步全球。DESIO 大铄设计2014 年成立于上海，为客户提供集前期规划、室内设计、软装陈设及家居生活于一体的定制服务。依托高度专业的设计团队、品质一流的创意技法、日臻成熟的服务体系，DESIO 大铄设计成长为具有国际知名度的品质空间私属定制设计品牌，在地产设计、商业设计、创意办公、高端私宅等领域颇有建树。

Yan Design 大研设计

研，愈思有度，取义详尽；以研究的态度做设计，将做人的态度融入作品；细致与深入地探求空间、艺术、光影三者的高度融合。大研建筑设计（DAYAN ARCHITECTURAL DESIGN）2005 年成立于上海，参与各类商业空间、办公空间、商业地产项目的软硬装设计及实施，与一线开发商保持长期的战略合作关系。

南京会筑设计

南京会筑设计是一家专门为高品质居住空间提供室内设计、施工执行、软装陈设的全案设计机构。自创立伊始，主创团队始终遵循"功能美学家"的设计理念，用心解读个性与喜好，坚持居住功能设计与生活美学享受完美融合，用建筑的艺术语言和表现手段，包括空间、光线、比例、色彩等，共同构筑舒适与品位并存的室内空间。

赛拉维 CLV

赛拉维 CLV 致力于地产研发与设计创新一体化，专注于营销中心与会所、商业空间与酒店、高端地产样板房、住宅产业精装产品线研发与标准化软装陈设艺术设计与实施等定制化设计服务。历经 9 年沉淀，赛拉维 CLV 共荣获 300 余项国内外设计大奖，造就了一支拥有共同梦想的 200 人的设计团队，设计作品已遍布全国各大主要城市。秉承"设计美好生活"的设计哲学，赛拉维 CLV 已成为具有全国影响力的企业品牌。

合肥飞墨设计

合肥飞墨设计团队是一支由全案设计师和精装房设计师组成的设计团队，由行内知名高级室内设计师李秀玲领衔，集室内设计、工程施工、软装陈设于一体，专注于全案私人定制设计服务。团队设计师曾荣获"全国住宅类设计师百强"称号、"世界青年设计师大会"年度人物奖、"2019 中国私宅设计"年度大奖、"住小帮装修专家"荣誉等。

上海飞视装饰设计工程有限公司

上海飞视装饰设计工程有限公司成立于 2006 年，主要从事高端办公楼、商业空间、会所及地产售楼处、样板房设计。公司历经多年发展，优秀作品遍及全国。秉承设计上锐意、创新与服务上信守契约精神的宗旨，依托优秀的设计团队，公司不断为客户提供新颖、有创意的设计。公司秉承"细节成就完美，专业缔造经典"的设计理念，与各专业人士通力合作，共同创造日臻完美的设计作品。

KOYI 上海柯翊建筑设计有限公司
SHANGHAI KOYI ARCHITECTURE DESIGN CO.,LTD

上海柯翊建筑设计有限公司

上海柯翊建筑设计有限公司（KOYI）是一家专业的室内设计公司，专注于地产样板间、会所、售楼部、办公空间、商业空间、别墅、住宅等室内设计领域。公司至今已完成多个地产室内设计项目，备受业界好评以及客户的认可，以专业的设计能力领先于市场同行。经过几年的发展，公司团队更是吸纳了一批来自国内外各大知名设计机构的设计师，形成了比肩行业内一线设计品牌的工作团队和组织架构。团队成员年轻但经验丰富，秉承对设计的热爱和对自身价值的追求走到一起。团队自信对前沿风尚有敏锐触觉，对国内对优质设计的需求有深度了解，期待创造出更多优秀且充满惊喜的作品，服务更多期待创新的企业和个人，开创属于KOYI柯翊设计的一片天地。

特约专家顾问

武汉 80 后新锐设计师代表人物

武汉十大设计师之一

以个性、人性化定制设计著称，作品多次刊登在《时尚家居》《瑞丽家居》等主流家居杂志，《交换空间》常驻推荐设计师。

李文彬

桃弥室内设计工作室创始人

国家注册高级室内建筑师
音联邦电气私人影院定制机构特邀客座设计顾问
美克美家战略合作设计师
深圳《南方都市报》特邀设计师

擅长各种不同风格的空间设计，善于营造空间情绪氛围，用叙事的方式去给予空间不一样的心灵体验。强调空间带给人的情感包容，一直坚持设计应该实用结合美感。发掘客户内心对家的期望，用设计的专业素养来提升客户梦想家的空间气质，从而尽量隐藏设计手法，让家真正上成为为业主量身定制的梦想大宅。同时空间功能的设计又深入客户的生活，结合客户的生活习惯，细致入微的收纳空间设计让客户最终拥有美感和功能兼具的梦想之家。

刘金峰（金风）

凡夫室内设计有限公司
负责人